前言

INTRODUCTION

蝴蝶主要栖息在雨林，它们的种类因所在流域的不同而千变万化。人们喜爱蝴蝶的优美身姿，用折纸的艺术把它凝固下来，仿佛这些生灵就在草间飞舞，或者花下嬉戏。 全世界约有1.8万种蝴蝶，它们的踪迹遍及除南极以外的其他六个大洲的每一块大陆与岛屿。它们随处可见，为我们的生活增添了乐趣，同时也值得大家去欣赏和保护。写作本书的目的，就是为了歌颂这世间美好的存在，并展现蝴蝶世界的神奇美妙与多彩多姿。

不同种类的蝴蝶之间差异巨大，也正是这些差异造就了它们的迷人之处。有的蝴蝶扇动着薄如蝉翼的翅膀，笃悠悠地轻飞曼舞；而有的却像一团燃烧的火焰急速飞行。论习性，有的蝴蝶轻盈活泼，善于交际，有的则孤傲自矜，离群索居。论居所，有的蝴蝶喜欢大树的树冠，有的只喜欢脚踝高度的草丛。论体形，有的蝴蝶仅有指甲盖那么小，而有的却有成人前臂那么长。

不同品种的蝴蝶遵循着各自的求生策略，只有极少几个品种会恰巧“英雄所

见略同”。有的蝴蝶依赖于“伪装”这门技术，来骗过那些目光锐利的掠食者；而有的蝴蝶进化出了大型肉食性动物的身体特征，以“敌人的敌人”的形象出现，来吓跑那些意图吃掉自己的小动物；有的则生长出可怕的红色或者琥珀色的斑点来警告掠食者：“我可有毒哦。”还有一些则坐享其成，本身并无毒，但通过模仿有毒的蝴蝶来迷惑鸟类等，好让它们知难而退。

蝴蝶世界的精彩还远不止于此。哪种蝴蝶只在黄昏以后出现，发出很大的声响？哪种蝴蝶不采花蜜，只吃动物的粪便？在显微镜下观察放大的蝶翼结构，它们的翅膀是如何反射光线，产生了夺目耀眼的色彩？哪种蝴蝶会设下骗局，欺骗浑然不知的蚂蚁，最终鸠占鹊巢？哪一个神秘的新品种，藏在不显眼的地方，连科学家都没能发现？还有哪些蝴蝶，以自身为例，为研究进化历程提供了新的线索？

最重要的是，从一个不起眼的毛毛虫蜕变成为展翅飞舞的美丽蝴蝶，这过程本身就是对人生的一种绝妙隐喻。蝴蝶用它短暂的一生为我们书写出了一个生命的真谛。同样地，人生在世，也会像蝴蝶那样经历重塑新生、脱胎换骨的过程。而正是通过这本书，我们向世间这些特别而又美丽的生灵，表达了由衷的感谢。

丝绒翠凤蝶

Papilio crino

翅展：10~11.6厘米

主要生活区域：亚洲、大洋洲

在印度南部和东部，或者临近的斯里兰卡、尼泊尔和不丹境内或潮湿或干燥的常绿森林中，请慢慢地抬起头，不要出声。在你的头顶，也许能看见正飞舞着的黑底青纹的蝴蝶，它体形较大，正穿过亭亭如盖的树冠。这是“丝绒翠凤蝶”，凤尾蝶中的一种。它大部分时间以树为家，靠吸食树梢的花蜜为生。如果你足够幸运，还能亲眼见它飞下来，靠近那些龙船花属的植物。看呐，它为了稳定住身体正不停地振动翅膀，然后开始吸吮那鲜红花朵里的甘露。偶尔，这种蝴蝶也会在离地面很近的地方短暂停留。地面上深色的土壤有丰富的养料，既能使森林繁茂，也能掩护蝴蝶的行踪——丝绒翠凤蝶的翅膀背面为深棕色，合上翅膀，它就

能与土地融为一体，不易被发现。

这种蝴蝶最为显著的特征是翅膀正面的鲜艳花纹：这两条对称的青绿色带，有如玉带穿过，美丽夺目；又像是流星划过漆黑的夜空，撒了一路的碎屑星尘。这两条玉带在光线的照耀下，色彩斑斓，变幻无穷。为何这种蝴蝶身上拥有如此多变而丰富的色彩？最近，纳米光子学领域的专家们通过使用电子显微镜观察到，它们翅膀表面的鳞片上分布着各种凹陷，而这些凹陷包含了许多微小的隆起与沟壑，构成了一个个能够反射光线的“面”。我们所看到的那两条玉带，正是无数个微小的多面结构折射了光线中的黄色与蓝色后，所产生的效果。

人们发现，雌性丝绒翠凤蝶有时会在斯里兰卡缎木的树叶上产卵。斯里兰卡缎木是一种中等尺寸的落叶乔木，树皮像红酒瓶塞那样柔软，开奶油色的小花，羽状树叶能为这种蝴蝶幼虫提供所需的营养。缎木因具有金黄的色泽而受到家具行业的青睐，近些年遭到了过度的砍伐，数量已大幅减少。所以说，尽管丝绒翠凤蝶目前来看还比较常见，但它未来的命运如何，还与斯里兰卡缎木的生存状况相关。

热带眼蛱蝶

Junonia evarete

翅展：4.5~5.7厘米

主要生活区域：美洲

在自然界中，几乎没有哪两种蝴蝶彼此之间非常相像，难以区分。而“眼蛱蝶”界就有这样一对姐妹花，它们的外形极为相似，容易混淆，连专家都有可能弄错。这两种蝴蝶就是“热带眼蛱蝶”与“红树林眼蛱蝶”（*Junonia genoveva*）。在17世纪末，收藏在苏里南（南美洲北部国家）的这两种蝴蝶的昆虫个体，被誉为是“自然科学界的新发现”。然而很不幸的是，这两只昆虫个体（也就是生物学家所说的标本）后来竟遗失了，流传下来的只有荷兰昆虫学家彼得·克莱默据实物亲手绘制的版画（本书中的为复制品）。

由于没有标本，加上对于版画内容的不同理解，导致了认知上的不一致。据

2008年的一项研究成果显示，在过去的几十年间，许多蝴蝶专家在进行研究时把这两种蝴蝶搞混了。他们把“热带眼蛱蝶”当成了“红树林眼蛱蝶”，而把“红树林眼蛱蝶”当成了“热带眼蛱蝶”。区分二者可靠的依据是它们触角底部的颜色，考虑到这种体征上的差异确实非常隐蔽且微小，那么出现了判断失误，也情有可原。

通过物种生态学的仔细研究，科学家们找到了另一种更为实用的区分办法。虽然这两种蝴蝶的栖息地有重合，但是热带眼蛱蝶的幼虫喜欢吃假马鞭草，所以它们经常出没于假马鞭草周围那些杂草丛生的地方。与之相反，红树林眼蛱蝶的幼虫以海榄雌（*Avicennia germinans*）为食，这种树长在水边，所以它们多出没于被海水常年冲刷的沙滩沿线。

热带眼蛱蝶的飞行速度很快，会消耗大量体力，所以空闲下来它们便会好好休息，以补充精力。当它们停在地面上歇息时，会张开翅膀，露出四个眼睛一样的斑点。对蝴蝶来说，这样做的意图有两种：其一，恫吓。眼睛形状的斑点能够吓退掠食者，也就是那些以捕食昆虫为生的鸟类。有一种名叫“孔雀蛱蝶”的蝴蝶也是使用同样的策略。其二，就是用翅膀上鲜艳的花纹来吸引鸟类，诱使它们攻击较为次要的部位，而不至于遭受致命伤。经研究判断，热带眼蛱蝶的目的属于后者。

红斑麝香凤蝶

Papilio (Heraclides) anchisiades

翅展：7~10厘米

主要生活区域：美洲

蝴蝶们老是哆哆嗦嗦的。这样说是开玩笑，但也的确是事实。包含200多个成员的庞大的凤蝶家族里，就有很多种蝴蝶具有这个特点。这种身姿曼妙的昆虫在进食时为了保持平衡而快速振翅，像是因为太过紧张而不敢完全放松。

与凤蝶家族里的其他成员不同，红斑麝香凤蝶的英文名（ruby-spotted swallowtail）中虽带有“凤尾”（Swallowtail），但后翅末端却是平的，没有凤蝶家族特有的尾状突起。这种昆虫活动范围很大，一只普通红斑麝香凤蝶的活动范围能绵延8000多千米，相当于从美国的得克萨斯州南部一直到阿根廷的北部。它的外形也很具有辨识度，长长的漆黑发亮的翅膀上点缀着醒目的红色与白色斑点。

红斑麝香凤蝶看似常见，但它的真实一面人们却未必那么了解。决定如何区分物种的生物学家，也就是分类学家，对不同种类凤蝶之间的亲缘关系还存有争议。许多专门研究蝴蝶的鳞翅目学者认为，从进化的角度来看，凤蝶们都大同小异，应该把它们都归在独立的“凤蝶属”里。也有人认为，有些凤蝶主要居住在美洲热带地区（也就是“新热带地区”），比如红斑麝香凤蝶，应该单独拎出来归到*Heraclides*属。这就是为什么在它的拉丁文学名［*Papilio (Heraclides) anchisiades*］里还有个括号的原因。

*Heraclides*这个备选的学名，充分展现了分类学家们对于古希腊神话人物——赫拉克利德斯的推崇。赫拉克利德斯是赫拉克里德（Heracleidae）氏族的一员，也就是宙斯（Zeus）的儿子赫拉克勒斯（Heracles）的后裔。赫拉克利德斯是力量之神，孔武有力，以他的名字来命名也算符合凤蝶的体形，至少是符合了大部分。蝴蝶学名的命名方式，通常是依照希腊或罗马神话里的人物，或者为了纪念某一个具体的名人，或者根据它的外形特点或者栖息地来命名。从这个角度来看，红斑麝香凤蝶的学名与神话里的安喀塞斯（Anchises）有关——这是一个相当美好的学名，安喀塞斯是神话里的美神，非常好记，大家应该了解一下。

天堂凤蝶

Papilio ulysses

翅展：10.5~14厘米

主要生活区域：大洋洲

新几内亚岛的雨林里氤氲着雾气，四周昏暗。此时，似有霓虹般的耀眼光亮闪烁，就好像神秘莫测的摩斯电码。真相颇为离奇：这时隐时现的电光蓝，竟来自一种蝴蝶的蝶翼，也就是体形较大、声名在外的天堂凤蝶。

天堂凤蝶也被称为“蓝帝凤蝶”。它的踪迹遍布新几内亚岛、马鲁古群岛、俾斯麦群岛和所罗门群岛的热带雨林里，然后潜入澳大利亚，在昆士兰州东部落脚。天堂凤蝶是澳大利亚的象征与骄傲，好比一提到闪蝶，大家就想到中南美洲那样。和闪蝶一样，天堂凤蝶也掌握了过硬的“隐身术”，当它停下来把翅膀合上，深棕色的蝶翼背面成为不易被察觉的保护色，能帮助它轻易地融入昏暗的雨林。

然而，当它们把翅膀张开，就再也藏不住了。并且，若有一只天堂凤蝶开始飞，很有可能会吸引到另一个追随者。这是因为雄性天生对于蓝色异常敏感，任何一抹蹁跹而过的蓝色，对它们来说都可能是雌性的翅膀。它们为守候异性，常常一蹲就是几个小时，就好像等待救护车的蓝光那般——终于有人来解救自己于爱的饥渴了。雄性对于求偶与交配充满着热情，它们在森林里搜索时不放过任何可能是蓝色的东西，也不管那到底是不是它们的“梦中情人”。这一弱点被捕捉蝴蝶的人发现了并且加以利用，他们挥舞着一块蓝色的金属制品来模拟蝶翼的颜色与光泽，而被爱情冲昏头的雄性蝴蝶往往受此引诱，最终落入圈套，变成珍贵的标本。

天堂凤蝶俨然已经是昆士兰州东北部的旅游代言人。能把“观赏蝴蝶”做成一门生意，主要是因为天堂凤蝶的活动范围特别广泛，虽然它们时常待在雨林里，但有时也因为“觅食”而出没在人类聚集地，比如城市的郊区——那里有它们喜欢的粉花软木斛（蜜茱萸属某种），这种开着粉色小花的植物是它们重要的蜜源植物。天堂凤蝶之所以广为人知，是因为自20世纪80年代起，澳大利亚邮政部门就发行了以天堂凤蝶为图案的邮票，且不只一次，而是三次。

马拉巴尔帛斑蝶

Idea malabarica

翅展：12~15.4厘米
主要生活区域：亚洲

在天空高处，仿佛有一条白手绢，它荡荡悠悠，漫不经心地飘过了雨林中的空地。那是一只强壮有力的蝴蝶。没错，它就是马拉巴尔帛斑蝶。马拉巴尔帛斑蝶与君主斑蝶有很近的亲缘关系，后者是一种享有盛名的美洲蝴蝶。区别之处在于马拉巴尔帛斑蝶体形更大，部分个体的体长可以比君主斑蝶大上一倍，而且也可以说，它更美。马拉巴尔帛斑蝶是南亚次大陆上体形最大的蝴蝶之一，展开宽度相当于一个成年男子的手掌。

它有半透明的白色圆形翅膀，飞起来不紧不慢，很少振动翅膀，像一只纸风筝那样在高树冠之间滑翔。这种习惯让它容易成为捕食者的目标，但是鸟儿们

却不约而同地都放它走了。这是因为与斑蝶属里其他的蝴蝶一样，马拉巴尔帛斑蝶那引人注目的翅膀花纹传递了一个明确的信息：我的身体有毒，味道也不怎么样，吃了我你自己也会得病，不如让我走吧。

每天早上，马拉巴尔帛斑蝶缓缓飞到树冠，去吸食蒲桃（蒲桃属植物，广泛用于制作香料）花的花蜜。到了傍晚，一小群马拉巴尔帛斑蝶，最多五六只的样子，像是撑着降落伞一样在半空中迂回、盘旋，然后徐徐下沉，以它们特有的漫不经心，飞落到距离地面5米多高的植物上。

蓝裙美凤蝶

Papilio polymnestor

翅展：12~14厘米

主要生活区域：亚洲

在印度孟买郊区一家居民后院的草坪上，正飞舞着两只巨大的蝴蝶，它们距离地面很低，高度不超过人的膝盖。蝴蝶们舞姿优美，身姿曼妙，在孟买这样拥有2100万人口的超级大都市，却依然能欣赏到如此美妙的自然画面。而且，作为印度体形第二大的蝴蝶，眼前的“表演者”已经与孟买人的生活融为一体，成为孟买所在的马哈拉施特拉邦（印度西部的一个邦）的“邦蝶”。

2015年6月，正是蓝裙美凤蝶活跃的季节，马哈拉施特拉邦政府宣布：有着黑亮翅膀和醒目蓝色花纹的蓝裙美凤蝶成为印度历史上第一个“邦蝶”。对一个地方政府来说，这样的保护意识是一种文明的进步，实在是难能可贵。毕竟在此之前

的保护对象多是那些大型的哺乳动物，比如老虎，昆虫想轮都轮不上。

蓝裙美凤蝶喜欢居住在湿润的雨林，特别是西高止山脉地区，但有时也会被富含花蜜的植物吸引，潜入大城市里的水泥丛林。蓝裙美凤蝶喜爱种植在当地居民家后院的茉莉和柑橘属果树的花蜜，于是才有了本文开头的这一幕。

那一幕中的“双人舞”是蝴蝶求爱时的舞蹈，通常由雌性主导。只见雌性低回盘旋，身姿灵敏，吸引着雄性在它身后亦步亦趋地追赶，并试图模仿对方的舞步。这是雌性对异性的双重考验：它的耐力怎么样？灵活性怎么样？雌性非常重视对方的实际表现，身体好意味着基因优良，也就适合跟自己结合，繁衍后代。

瞧，雄性蝴蝶跟上了雌性蝴蝶的舞步。双方浓情蜜意，水乳交融。墨水点一样的花纹洒在宝蓝色的蝶翼上，熠熠生辉。在观者眼中，如此美妙的生灵，独具魅力，成为“邦蝶”实至名归。

白带螯蛱蝶

Charaxes bernardus

翅展：7~9厘米

主要生活区域：亚洲

蝴蝶们通常居住得很分散，不喜欢扎堆儿。如果栖息地的范围很广，那么同一个种类蝴蝶的分布密度就会显得更为稀疏。如果它们成熟了，需要去寻找伴侣繁殖后代，那么问题来了：住得这么远，恋爱怎么谈？对于那些生活在密林里的蝴蝶来说，这个问题尤为突出：要是它们连异性的影子都看不到，要如何相爱相伴，生儿育女呢？

白带螯蛱蝶与其他螯蛱蝶属的蝴蝶，就遭遇着这样的难题。但在不断的进化过程中，它们找到一个办法解决了求偶的困难，也就是我们所知的“登峰行为”。具体的实施过程是这样的：雄性和雌性每天准时前往栖息地附近的制高点，通常

是山顶（“登峰行为”由此得名），也可能是一株高大的树木（如白带螯蛱蝶就更喜欢在雨林里栖息）。蝴蝶们到达峰顶后，纷纷寻找合适的伴侣求爱，进而有可能交配。

同样以“登峰行为”来寻找配偶的蝴蝶里，还包括著名的帝王紫蛱蝶（*Apatura iris*）。尽管二者并无亲缘关系，但有两个值得关注的共同特征：其一，它们的飞行速度都很快，能开足马力穿过树冠和树林里的空地；其二，两者选择食物的品位相当接近，都以动物的粪便为食。雄性蝴蝶会贴住地面，用虹吸式口器去“品尝”那些排泄物，从而获得未被动物消化的矿物质。“到印度的丛林里，找一堆动物粪便并在一旁蹲守”——我相信谁的人生目标清单里都不会出现这一项，但这是最管用的方法之一。

要是找不到类似的动物粪便，白带螯蛱蝶们会不定期去翻翻泥坑，因为潮湿的地面上通常也蕴含一定数量的矿物盐，这种方法也能帮助它们摄取身体内需要的微量元素。研究结果表明，这种食粪便、翻泥坑的行为只发生在雄性的身上，尤其是在完成交配以后。据推测，这些身披橙红色战袍的雄性，在完成求偶和交配过程后，筋疲力竭，急需一些矿物质来补充身体流失的盐分。

阿波罗娟蝶

Parnassius apollo

翅展：6.2~9.5厘米
主要生活区域：欧洲、亚洲

西班牙境内的欧罗巴山，峭壁如刃，高耸入云，海拔在2000米以上。这里植被稀少，偶有一些野花点缀其间，即使是在夏天，能被高山草甸覆盖的面积也很有限。然而，出乎人们意料的是，在这样的高海拔地区，居然有蝴蝶生存。

相比其他蝴蝶，它扑扇着象牙白色、轻如薄纸的蝶翼，抖动翅膀的沙沙声打破了山谷的寂静。随后它们会降落在某处，安静地待着，像是在汲取天地之灵气，像要更好地接受人们的赞美。

如果能走近些，你会注意到它的翅膀几乎是半透明的。大部分蝴蝶的翅膀，每平方厘米覆盖有大约1000个鳞片，而阿波罗娟蝶翅膀上的鳞片密度远远低于这个

数字，所以颜色才接近透明。这可不是说它们身上缺乏色彩，它们的前翅装饰有黑色斑纹，而后翅上长有眼睛形状的图案。这些“眼点”的外围是黑色环状，最中间是一个或两个小小的雪白色斑点，而介于黑白色之间的，是亮眼的红色。

阿波罗娟蝶的幼虫以咀嚼白花景天为生，这种植物有极强的毒性，而毒性进入阿波罗娟蝶体内后，主要聚积在翅膀里。然而，有一种生活在山区，名为水鹨的鸟，在你死我活的斗争中积累了经验：它捉到阿波罗娟蝶后，会先把有毒的翅膀撕掉，剩下的蝴蝶身体部分无毒又富有营养，正是一顿美餐。

除了鸟类这种天敌之外，阿波罗娟蝶面临的风险还有很多。如果夏季骤然降温，山中太冷，那么它可能还没来得及繁殖下一代就死了。因此，雄性为确保自己能成为父亲，会分泌一种胶状的物质，封住雌性的生殖孔，防止它们再与其他异性交配——这种行为直接降低了雌性的产卵数量。此外，随着全球变暖，变化的环境还给它的生存带来了挑战。在整个欧洲范围内，阿波罗娟蝶数量锐减，几乎都与此有关。

尖翅蓝闪蝶

Morpho rhetenor

翅展：14~17厘米
主要生活区域：南美洲

一道蓝色电光从你面前经过，嗖的一下消失得无影无踪。它通身蓝色，带有金属光泽，在光线下如霓虹般耀眼，照得人眼睛都睁不开。这奇妙的精灵，照亮了亚马孙丛林里的迷雾，它的镰刀状的翅膀，变幻着无穷的色彩。当它飞舞着穿梭于林下叶层之间，实在是令人目眩神迷！闪蝶属包含四十几种蝴蝶，雄性尖翅蓝闪蝶无疑是其中翘楚，它那修长美丽的蓝色翅膀无人能及，走遍整个南美洲，你都找不出比它更漂亮的蝴蝶了。

尖翅蓝闪蝶是美洲热带地区最具标志性的昆虫，它那夸张的尺寸和令人惊艳的色彩，占据了很多旅游手册，还成了鳞翅目昆虫美丽外表的代名词。这种蝴蝶

是如此美丽，倾倒众生，却也因此而受害：生活在亚马孙流域的土著，曾取下它的翅膀来装点部落庆典仪式上使用的面具；西方的收藏家们也对闪蝶标本制成的装饰品趋之若鹜，间接地危及了它们的生命。

闪蝶绚丽的蓝色翅膀是光与翅膀上那些微小复杂的结构相互作用的结果。而且，雄性正是依靠翅膀上变幻无穷的光泽，来与其他蝴蝶进行沟通的。闪蝶飞得不快，呈跳跃式飞行，这是因为它小小的身体要带动一对与之尺寸不相称的翅膀。

尖翅蓝闪蝶有一种独特的防御机制，叫作“快速变色”。闪闪发光的蓝色蝶翼美是美，但有一个致命的弱点，那就是吸引食肉动物，例如鹟。当被这种鸟追逐时，可靠的办法是合上翅膀，露出腹面那不起眼的棕色来迷惑敌人。蝴蝶前一秒还在蠕动，后一秒就可以俯冲。它找到一根树枝停下，然后合上翅膀一动不动。追逐的鸟儿会完全失去目标，它原本的猎物，那只蓝色的大昆虫，居然在眼前消失得无影无踪了？那镰刀形状的蓝色翅膀，曾经让人目眩神迷，这会儿则令敌人迷惑不已。

美凤蝶

Papilio memnon

翅展：12~15厘米

主要生活区域：亚洲

蝴蝶的生命非常短暂，通常只有几周，有的只有几天。它们要与时间赛跑，赶在死亡之前，尽可能快和多地繁衍下一代。成年个体存活的时间越长，越有可能生产大量的后代，也才能令它们这一支的血缘得到优化。由此，很多品种的蝴蝶为了逃脱穷凶极恶的食肉天敌，进化出了令人印象深刻的求生策略。

“伪装”是其中一种。典型的例子是黄钩蛱蝶——它的翅膀合起来时如枯叶一般。“引诱”是另外一种。安蒂噬药凤蝶长有超大号的凤尾，非常醒目，能把掠食者的注意力吸引到身体的次要部位。最后一种则是“向死而生”，比如孔雀蛱蝶身上的独特花纹像极了猫头鹰，通过“扮演”一种大型食肉动物，来吓走那些小型的

捕食者。

本篇的主角美凤蝶，是一种在亚洲地区特别常见的蝴蝶，它采用的是第四种求生策略：贝氏拟态。这个专有名词源自亨利·贝茨，他在1862年提出，有些种类的蝴蝶，会在形态、色型等视觉特征上突变，与那些有毒的物种相似，从而保障自身的安全。贝茨认为，类似的拟态行为能降低蝴蝶被掠食者吃掉的可能性，因此这种特征会作为显性基因遗传给后代。随着时间的推移，无毒蝴蝶在外形上越接近有毒蝴蝶，这种故弄玄虚的自卫方式也就越成功。

美凤蝶将“贝氏拟态”发挥到了极致。据悉，雌性美凤蝶有20多种形态，这种现象被称为“多态性”。具体变化表现在：尾巴（含有尾和无尾两种形态）、前翅图案、后翅图案、翅基和腹部的颜色。雌性蝴蝶的很多不同形态都是模拟了凤蝶科里有毒的曙凤蝶。从对美凤蝶更为深入的研究中发现，控制这种拟态行为的是一种非常复杂的“超基因”，其功能会随时间得到强化，以求模拟得更为精确。

红星花凤蝶

Zerynthia rumina

翅展：4.5~4.8厘米
主要生活区域：欧洲、非洲

眼前似乎飞过的是一只金凤蝶，只是它体形更小，掠过地面时，轻柔无声。它钻进了伊比利亚半岛上的一处灌木丛里，那生长着一株野生的百里香，细小粉嫩的花朵边上，一只红星花凤蝶正停在那里，吸食花蜜。近些看更清楚：这种蝴蝶比欧洲任何一种凤尾蝶都小很多，它拥有淡黄色的翅膀，端部排列着锯齿状的线条和条纹。专家们也不能解释这其中是否涉及拟态，但是这种外形特征的确在向体形更大的蝴蝶看齐，通过打破原有形态来迷惑掠食者。

红星花凤蝶的活跃期比较早，每年的早春（4月和5月），它会出现短短的几个星期。通常每年产一次卵，也有人认为在较为暖和的西班牙东南部，这种蝴蝶会

产两次卵。

红星花凤蝶的实际分布更为广泛。尽管西班牙声称这种蝴蝶是其特有种类，但其实在整个伊比利亚半岛、法国南部，甚至跨越地中海进入非洲北部，都能看见它的身影。无论在哪儿，它们都喜欢住在那些干燥的灌木丛里。栖息地的选择，使它们与南方花凤蝶区分开来，后者喜欢居住在潮湿的欧洲和亚洲西部的森林里。

然而，在自然界里，事情经常是一波三折。2017年在法国东南部发生了大范围的火灾，再生植被变得越来越干燥，有红星花凤蝶开始慢慢朝这个区域迁移，这样它们就与南方花凤蝶的栖息地有了重合——这个意外变化让我们得以首次在同一地区同时观测到这两种蝴蝶。这究竟是一次性事件，还是一场进化大战的前奏，我们还不得而知。

红点豆粉蝶

Colias croceus

翅展：4.5~5.7厘米

主要生活区域：欧洲、非洲北部、亚洲

“二战”期间，英军南下穿过英吉利海峡时，军舰瞭望塔上的士兵们远远地注意到了一些异样。他们起先是疑惑，继而又开始担心，随着目标的缓慢移动，又不可避免地感到惊讶。原来，目击者们都看到了一个金色的、巨大的球状物飘浮在空中不远处。当这个发光球体越来越近时，士兵们担心会不会是毒气云团？其实，这并不是毒气云团，更不是云，而是一大群正在迁徙的蝴蝶——红点豆粉蝶。

这种蝴蝶主要生活在非洲北部和地中海沿岸，春天它们会途经欧洲往北迁徙。每隔十年左右，迁徙的蝴蝶数量规模之大，形成一种入侵的态势。每当到了这样的“艾杜莎（*Edusa*）之年”，蝴蝶专家们总是特别兴奋，而“艾杜莎属”正是

"豆粉蝶属"以前的名字。

长距离迁徙的能力帮助红点豆粉蝶取得了两项显著的成就：首先，它们是整个欧洲分布最为广泛的蝴蝶；其次，通过拓展疆域，这些动物界的"殖民者们"发现了全新的、可居住的土地。值得一提的是，红点豆粉蝶居然飞到了亚速尔群岛，成为岛上仅有的六种蝴蝶之一。这些岛屿位于北大西洋，距离欧洲大陆非常遥远，离人类最近的一个居住点（西班牙的一个小城）也有1450千米，真是一群了不起的小生灵啊！

红点豆粉蝶虽然分布广泛，但若想近距离观察也并非易事。它们很容易受到惊吓，一旦感知到危险，就会马上散开，转眼就飞得离你上百米远。如果非常小心，或许能成功地靠近它们。请仔细观察它的翅膀背面，翅脉非常引人注目，正是这些给肌肉输送了血液，让它们有能力完成长途的迁徙。

正如其名，红点豆粉蝶主要为明亮的黄色与橘色。但是，每一百只雌性蝴蝶中就有五只的翅膀是白色或者浅灰色。这种形态（称为*helice*）是因幼虫发育过程中，生长环境过于干燥造成的。

优红蛱蝶

Vanessa atalanta

翅展：6.4~7.8厘米
主要生活区域：欧洲、非洲

优红蛱蝶是世界范围内人们最熟悉的蝴蝶之一，它分布广泛，较为常见，经常出现在城市绿地——这要感谢它翅膀上闪亮的红色条纹，特别好认。然而，虽然分布广泛，我们对这种蝴蝶的了解却是寥寥，直到最近才有了喜人的突破。几个世纪以来，人们想去了解优红蛱蝶的生活方式，但终不可得。它的世界复杂神秘，始终是个难解之谜。到了21世纪，在先进技术的帮助下，再加上公众科学的研究进步，谜团终于被解开了。

从外表上看，优红蛱蝶有两套截然不同的“服装”。它的翅膀正面由黑色、白色和猩红色构成，能够在吸引异性的同时恐吓捕食者。但是，当它把翅膀合起

来，却能与周围环境无缝融合。它的翅膀背面密密麻麻地布满了灰色和棕色的花纹，斑驳不清，精巧非常，这提供了足够的伪装，让它在进食与栖息时可以不受天敌的骚扰。

优红蛱蝶的神秘不仅限于外表，它们还有其他蝴蝶身上不常见的迁徙行为。尽管鳞翅目学家早就对这项行为有所研究，但是关于这种迁徙的大多理解，后来却被证明是不正确的。

直到最近，人们还错误地以为，优红蛱蝶每年夏天在欧洲北部繁育两次，然后成年蝴蝶长途迁徙赶到南方冬眠。但实际情况是：当秋天气温下降时，第二批成年蝴蝶根本来不及交配，就成群逃往地中海区域。在迁徙过程中，它们有时在不高于地面90厘米处行进；有时会受到上升空气的热气流的影响，在高空中飞行——这是借助雷达的帮助而观察到的“秘密”。

到达地中海以后，优红蛱蝶们让科学家再次大跌眼镜：它们并未就此冬眠，而是立马开始繁殖。这些出生在南方的下一代幼虫，一个冬天就能成熟，于是它们在春天北上，开始新的生命旅程。

红襟粉蝶

Anthochāris cardamines

翅展：4~5.2厘米

主要生活区域：欧洲、亚洲、非洲北部

一只雄性的红襟粉蝶，在长满杂草的林间空地里仔细地搜寻雌性蝴蝶。这种体态娇小的蝴蝶的出现意味着春天到了。作为粉蝶家族中的一员，红襟粉蝶全身以白色和黄色为主。红襟粉蝶取名“红襟”是因为雄性蝴蝶的前翅末端是带有荧光色泽的橘红色，它不仅色彩鲜艳，引人注目，同时也向食肉的鸟类传达了一个信息：有毒。因为红襟粉蝶的幼虫寄生在富含苦芥子油的植物上，芥子油有毒，所以长大后的成虫体内也有毒。

雌性红襟粉蝶没有那么鲜艳的外表，它们会通过适当的伪装来避免遭遇到食肉动物。与雄性不同，雌性不需要为了求偶而四处寻觅，所以它们大多只在有需

要时才会飞。它们的翅膀背面是苔绿色的大理石花纹，在森林里能起到隐身的作用。正因为雌雄红襟粉蝶在外形颜色上的差异，所以在18世纪中期，人们给它们取了不同的昵称，雄性的叫“橙色王子”，雌性的叫“林中淑女”或“森林女士”。

雌性红襟粉蝶身上唯一的橙色部分，就是它们产下的卵。在寻找合适的十字花科植物来产卵时，雌性蝴蝶会直接忽略那些已经被产过卵的植株，哪怕它没有看到，也能嗅出上面有属于别的蝴蝶的味道。这是因为雌性蝴蝶在产卵的时候会分泌一些信息素，好比是蝴蝶用这种有特殊气味和颜色的混合物做了个记号，有了这个，后来的雌性蝴蝶知道这里是别人用过的，也就不会再靠近了。这是因为红襟粉蝶有同类相食的行为，当一株植物上有多个虫卵，最先孵出的“老大”会吃掉其他同类。这种行为使得红襟粉蝶的幼虫死亡率高达10%。

此外，气候的变化也在改变红襟粉蝶的生命周期。在20世纪末，英国气温上升了1%，这使红襟粉蝶的飞行季提前了17天。因此，红襟粉蝶得以向北方蔓延，重新回到在19世纪时曾经属于它们的领地。

裳凤蝶

Troides helena

翅展：13~18厘米
主要生活区域：亚洲

裳凤蝶的别名是“鸟翼蝴蝶”，雌性裳凤蝶展开翅膀后的宽度，可与麻雀等鸟类相提并论，可想而知这是一种体形巨大，十分美丽的蝴蝶。裳凤蝶的翅膀底色乌黑发亮，正面点缀着金黄色的花纹和斑点，阳光一照，特别醒目耀眼。这些花纹把它装点成一个火堆——看，柠黄的是火苗，绯红的是火舌，底下的黑色是还在燃烧的煤。

裳凤蝶生有如此醒目的外表，是在向掠食者传达一个明确的信息：别吃我，我有毒。这话讲得很实在，也实事求是。裳凤蝶的醒目外表并非无毒的蝴蝶出于自卫目的的拟态。裳凤蝶的毒性源于它在幼虫时期所寄生的有毒的藤本植物耳叶马兜

铃（*Aristolochia tagala*），它是以耳叶马兜铃为食的。

裳凤蝶属于凤蝶科，裳凤蝶属。这个属下共有二十几个品种的蝴蝶，分布在亚洲和大洋洲的雨林里。它们彼此间的外形也都很接近，翅膀都是黑绒底色，图案都是闪亮的金黄色。其中，裳凤蝶的分布区域最为广泛，从印度到中国都有。而其他种类的分布区域明显就狭小一些，部分种类只生活在一个岛上。印度尼西亚就有很多这样的蝴蝶。它们的生存空间是如此的有限，一旦它们栖息的森林遭到了过度的砍伐，这个种类的蝴蝶恐怕就会面临灭绝的风险。

通常，裳凤蝶雌性往往很安静地蹲在茂密、青翠的密林之中，极少外出。所以，为了发现异性，雄性必须主动出击，它们在清晨时分绕着森林的树冠盘旋，就是为了寻找可以交配的异性。雄性蝴蝶在对方头上几米高的地方，欢快地跳起求爱的舞蹈，如果对方觉得这舞姿还不赖，那雄性就等于是获得了准许，可以飞下来与它交配。

裳凤蝶外形美丽，数量稀少，因此备受蝴蝶收藏者的青睐，目前有关这种蝴蝶的交易已受到《濒危物种国际贸易公约》的约束和管制。市场上的需求对它的生存来说，就是一种威胁。何况裳凤蝶幼虫的唯一寄主——耳叶马兜铃，也因森林砍伐而面临着危机，这也使得这种蝴蝶的繁殖越来越难。

大蓝蝶

Maculinea arion

翅展：3.8~5.2厘米
主要生活区域：欧洲、亚洲

大蓝蝶和它的“欧洲四姐妹”作为灰蝶科霾灰蝶属蝴蝶，有着极其古怪的生活方式，放眼全世界1.8万种蝴蝶，这种习性也是绝无仅有的。许多灰蝶科的蓝蝶（大概占世界蝴蝶总量的三分之一）与蚂蚁之间形成了显著的互利关系，而大蓝蝶五姐妹却并非如此，它们对待蚂蚁的策略是无情的杀戮。

蚂蚁与大蓝蝶之间的关系很有趣。蚂蚁会保护它们的幼虫，但目的是获取其营养丰富的分泌物。大蓝蝶和它的同胞搞明白这一点后，就开始“以其人之道还治其人之身”。它们设计了一个完美的骗局：蝴蝶幼虫们学会散发出一种蚂蚁幼虫的气味，工蚁们闻到这种气味，以为是自家孩子从巢穴里跑了出来，费力地将这些

“出逃”的年轻人带回了家。一旦这些蝴蝶幼虫进了蚂蚁窝，它们就慢慢地把蚂蚁真正的幼虫都给吃了，以此来“答谢”蚂蚁的搭救之恩。等到蝴蝶幼虫准备化蛹的时候，它大概已经吃了一千多只蚂蚁幼虫了，体重也增加了一百倍。所以，二者之间的关系压根不是互利。

故事的剧情还有反转。放眼欧洲，一共有几十种红蚁，但大蓝蝶的骗术只对其中一个种类有效。住在这种红蚁附近的蝴蝶幼虫，通过模仿其气味然后冒名顶替，其化茧成蝶的比例要比在其他地方高出五倍。但任何其他种类的蚂蚁，或者蝴蝶幼虫，都很容易在这种红蚁的巢穴里丧命，因为照顾红蚁幼虫的“保姆”们可不像工蚁那么好糊弄。一旦它们发现这些虫卵的气味不太对劲儿，立刻就把这些冒名顶替的骗子喂给自家的蚂蚁宝宝。

帝王紫蛱蝶

Apatura iris

翅展：7~9.2厘米
主要生活区域：欧洲、亚洲

在远离地面的高处，一棵高大橡树的树冠上，有两个三角形的紫色身影正扭打在一起。正在打架的是两只雄性帝王紫蛱蝶，它们势均力敌，难分伯仲，彼此间推搡冲撞，互不相让。二者看上去都使出了全身的力气，来争夺这棵大树的统治权。当然，让它们如此在意的，还不只是一块领地的归属，也包含整棵树上那些雌性的交配权。几经角力，较弱的那一只最终败下阵来，只见它身影踉跄，怅然而去，很快就消失在树冠的阴影里。而此时，胜利者正在繁茂的树叶中间尽情地飞舞，欢乐地滑翔，那对大翅膀健壮而有力。突然，这只蝴蝶出其不意地俯冲到地面，而更加令人大跌眼镜的是，它竟然开始享受起地上一摊犬科动物的粪便。

雄性帝王紫蛱蝶有着惊人的美貌，也有着一颗狂放不羁的心。它身穿亮丽的紫色“丝绒大衣”，看上去高贵无比，气度不凡。但同时，它也喜欢从最难闻的食物里摄取矿物质，尤其是在交配过后。它不屑与人类相伴，而是活跃在人类视线之外，即便有人注视，它也丝毫不受干扰，依然我行我素。对它而言，要是在自己吃饭的时候，还要照顾旁观者的感受，那也实在太无聊了。

帝王紫蛱蝶的活动周期特别长，它一般于6月下旬开始现身，并持续活跃到8月。雌性会在林中的高地处聚集，而雄性蝴蝶会为了争夺交配权而打斗。在此期间，它们不会以花蜜为食，而是依靠夏日林中蚜虫排泄的蜜露为生。雄性还会飞到地面上，寻找粪便、腐败物及其他有刺鼻味道的食物，来摄取身体必需的矿物质。这种蝴蝶拥有诸多迷人的特质，它不仅是欧洲地区体形第二大的蝴蝶，同时也特别美丽、稀有，而且难以捉摸，总是超出人们的想象。几个世纪以来，在有关帝王紫蛱蝶的文学作品里，总是把它描述成一个高贵的王者形象，而科学家们为它精心选择的拉丁语学名*Apatura iris*，也恰好印证了人们想要表达的这种崇敬之情：Iris，既是希腊神话里的彩虹女神伊丽丝，也是奥林匹亚诸神麾下那个长了翅膀的信使——这样的形象很符合帝王紫蛱蝶。

孔雀蛱蝶

Inachis io

翅展：5~5.5厘米

主要生活区域：欧洲、亚洲

几乎没有蝴蝶能同时拥有风姿绰约的外表与谨小慎微的行事风格，孔雀蛱蝶是个例外。孔雀蛱蝶的翅膀腹面是棕色和灰色，很粗糙，像是被虫蛀过似的，整体看上去仿佛是一个披着破烂斗篷的幽灵，被不小心扔进了干叶子堆里。当它合上翅膀，停留在树干上，能够骗过其他动物的眼睛，几乎做到隐形——而这种小小的伪装，仅仅是它对抗天敌的第一道防线。

若孔雀蛱蝶感到自身的安全受到了威胁，它就会把翅膀展开，以正面示敌。对人类来说，它的翅膀美丽不可方物，但对老鼠或小鸟这样的捕食者来说，这翅膀上的图案可真够吓人的。为什么呢？如果把孔雀蛱蝶头朝下倒转过来看，它的

后翅上有两个蓝色的圆圈，蓝色随角度不同可以变化，外面还有一圈柠檬黄色花纹和一圈黑色。掠食者看到这样的东西，第一反应是遇到了猫头鹰。明明自己刚才还是捕猎者，现在转眼要成了猎物了，不跑才怪呢。

如果你还对此将信将疑，不如把这本书颠倒过来看。怎么样？翅膀上蓝色的斑点看起来像不像一对大眼睛？那深色的蝶翼边缘像不像猫头鹰的耳羽簇？还有那毛茸茸的身体像不像猫头鹰带钩的喙？如果我再告诉你，孔雀蛱蝶还能够通过摩擦它的后翅与前翅来模仿猫头鹰的嘶嘶声，你是不是已经崩溃了？别说那些肉食的小动物了，就是你估计也会被吓跑的……

能被蝴蝶吓跑，确实也是丢脸的事。因为孔雀蛱蝶除了明艳照人别无其他。它会经常出现在人口密集的城镇，甚至是居民的后院，这是因为它对大叶醉鱼草（*Budleja davidii*）灌木所散发的花蜜味道有特殊的偏爱，而这些灌木通常生长在北欧的铁路沿线及其他荒废的空地里。

绿豹蛱蝶

Argynnis paphia

翅展：6.9~8.0厘米
主要生活区域：欧洲、亚洲

这个夏天就要结束了。欧洲的一处落叶林里，阳光正慵懒地洒在一块空地上。在几米高的地方，一个抓人眼球的焦棕色蝴蝶掠过。它的翅膀健壮有力，身姿优美矫健，在天空中划出一道又一道弧线。不料，蝴蝶突然下坠，有节奏地俯冲到一处散发着甜蜜香气的树莓丛中，把它那长长的虹吸式口器（或喙）伸进玫瑰色的花朵，开始吸吮蜜汁。当它无意地抬起翅膀，上面布满的银色花纹暴露了它的身份。

欧洲共有50多种豹蛱蝶，它们的翅膀背面都有复杂的橙色图案，绿豹蛱蝶的体形在其中名列第二。它不像别的蝴蝶那样仅在阳光下飞行，即使是阴天，它也

一样能在空中自在地飞舞。要是雄性在游荡的过程里遇到了心仪的对象，它们会双双在空中跳起求爱的舞蹈——雌性会在距地面90厘米左右的地方直直地飞，而追求它的雄性为表示爱慕，会转圈绕着它飞，同时释放强烈的交配信息素。

一旦交配成功，雌性蝴蝶就转移到树干上，慢慢往上爬，寻找一个大小合适的裂缝来产卵。这些卵成功孵化后，幼虫就会拖着身体爬出裂缝，爬到地面上吃紫罗兰的叶子。当它吃饱喝足了，就继续回到树皮的缝隙里，躺进小小的丝茧里，准备舒舒服服地度过这个冬天。

每种绿豹蛱蝶都拥有不同的形态，其中有一种特别吸引蝴蝶爱好者。简单地说，在一个特定的群体里约有十分之一的雌性会产生基因突变，它们的翅膀背面为暗绿色，腹面为粉色。有趣的是，这种变异的雌性（被称为*valezina*）不光长得和大家不一样，行为上也“特立独行”。它们的翅膀颜色更深更暗，所以也更为吸热，因此它们不喜欢阳光，而总是游荡在树荫遮蔽的阴凉处。而且，雄性蝴蝶很难发现它们并与其交配。所以，这些变异的个体繁衍后代的概率极低，数量极少，非常罕见。

绿鸟翼凤蝶

Ornithoptera priamus

翅展：18~22厘米

主要生活区域：大洋洲

有帝王气派的蝴蝶配得上一个国王的名字。绿鸟翼凤蝶的学名是普里阿摩斯（*priamus*），这是特洛伊战争里特洛伊国王的名字，科学家们在向这位国王致敬。在鸟翼凤蝶属里，只有雄性才拥有色彩鲜艳的外表，它们的翅膀为醒目的荧光绿色。尽管雌性体形更大（这在蝴蝶中很常见），但色彩却不如雄性艳丽。事实上，其貌不扬的外表对雌性来说还有特别的好处，那就是不易吸引捕食者的注意，能让它在神不知鬼不觉的情况下，安全产卵。

雄性绿鸟翼凤蝶自破茧成蝶的那一刻开始，生命里就只剩下一件事：繁衍后代。为了这个唯一的目标，它们每天一早就开始巡视。雄性会贴近地面，在雨林

低矮的树丛里搜寻那些刚刚破茧而出，尚未交配的雌性。雄性的领土意识也特别强，每一只都享有森林中的一块区域作为自己的领地，任何闯入这个范围的雄性蝴蝶（甚至是鸟）都会被赶走。但是雌性蝴蝶不会被赶走——若是发现有适宜交配的异性进入自己的领地，雄性蝴蝶就开始在它头顶盘旋，并释放能吸引对方与自己交配的信息素。

鸟翼凤蝶属（*Ornithoptera*）具体有多少个种，目前尚无定论。事实上，这个问题已困扰鳞翅目学家们200多年了。有一种观点认为，一共有13个种。但哪些该归为种？哪些该归为亚种？还有哪些仅仅是同一种类的特殊形态？就这些问题还远远没能达成共识。自18世纪中叶以来，有关绿鸟翼凤蝶亚种的记录多达99条，这个数据着实令人惊讶，其中一部分亚种只生活在太平洋的某些小岛上，难以验证；还有一些亚种，经提议已经被提升为完全独立的种，比如澳大利亚的石冢鸟翼凤蝶（*Ornithoptera euphorion*）；还有一部分仅仅是变异的个体，不应作为亚种存在。出于谨慎的态度，目前被承认为绿鸟翼凤蝶亚种的蝴蝶，只有6个种。

金斑蝶

Danaus chrysippus

翅展：7~8厘米
主要生活区域：非洲、欧洲、亚洲、大洋洲

如果蝴蝶也能拥有情绪的话，人们猜想金斑蝶应该会嫉妒它的近亲，君主斑蝶（*Danaus plexippus*）。众所周知，后者的迁徙壮举享有盛誉，其美貌也是无与伦比。但你有所不知，这两样东西，金斑蝶一样也不缺。

为了探索和征服新的领土，金斑蝶能够横穿撒哈拉沙漠和整个大西洋。它们的踪迹遍及整个非洲大陆以及亚洲的大部分地区，甚至能在许多南太平洋岛屿站稳脚跟，从而开拓一条前往澳大利亚的线路。金斑蝶既能适应土地贫瘠、崎岖难行的山区，也不排斥在人口密集的都市里追花逐蜜。它周身呈浓烈的橙色，带有黑色与白色花纹，外形与君主斑蝶十分相似，因此获得了“非洲君主斑蝶”的称

号。在古老的非洲，金斑蝶如国王一般受到顶礼膜拜：在一座约3500年前的埃及金字塔里，就有描绘这种蝴蝶的图案——这也是历史上已知最早的一条有关蝴蝶的记录。

金斑蝶有毒。这是它对抗天敌的有效秘诀，同时也被其他蝴蝶所效仿。它的食物来源当中有一种有毒的植物，其毒性发作时会导致心脏衰竭或肝脏方面的疾病。它的艳丽外表就是一种警告，能直接吓跑捕食者。金斑蝶拥有很多“粉丝”，非洲白凤蝶就是其中之一。它模仿“偶像”的退敌方式，进化出了金斑蝶同款的翅膀——这大概算是追星的最高境界了。

请查看本页的插图，注意看这只雄性金斑蝶的后翅。你看到它翅膀背面边缘处那个椭圆形的黑点了吗？这就是它的性腺（雄激素器官），只有雄性金斑蝶长有这样的标记。在求爱过程中，雄性会将雌性的触角放在自己翅膀的这一器官上，通过释放信息素来提升对方的兴趣，从而提高交配成功的概率。

黄缘螯蛱蝶

Charaxes jasius

翅展：6.5~9厘米

主要生活区域：非洲、欧洲

据说，想看到黄缘螯蛱蝶，不用特意去找它，它会主动来找你。更好的是，你还能请它喝一杯。这话听上去不可思议，但并不是天方夜谭：黄缘螯蛱蝶的幼虫喜欢吃草莓树（*Arbutus unedo*）的叶子，而这种树通常长在地中海沿岸气候干燥、树木繁茂的地区。拥有类似条件的地方通常酒吧林立，那么能遇到这种体形硕大而又美丽梦幻的蝴蝶也就不稀奇了。

在自然界里，黄缘螯蛱蝶是通过食用发酵的树液或腐烂的水果接触到酒精的味道的，但是它很快就了解到：在人类聚居区里，有很多这种“好喝的饮料”。这种蝴蝶的酒瘾很大。它们有时会冲到餐厅的桌子上，把那引人注目的红色长喙伸

到一杯泡沫丰富的啤酒里，尽情喝个够。当然，等它醉醺醺回到空中，可能会发现自己有点头重脚轻……

鳌蛱蝶属一共包含将近200种蝴蝶，其中90%栖息在非洲的热带区域，而黄缘鳌蛱蝶是它们当中唯一一种北上进入欧洲地中海地区的蝴蝶。在这里，它们一年孵化两次，春天一次，夏末一次。和其他鳌蛱蝶一样，它们也有很强的领地意识。雄性盘踞在大树的顶端，审视着它的疆域。如果看到有外来者闯入，它会毫不畏惧地径直朝地面落下，然后俯冲过去。它们甚至有攻击人类的勇气——这也是为什么我在开头说“不用去找它，它会主动来找你”的另一个原因。

鳌蛱蝶最具标志性的特征是它们后翅上的凤尾。黄缘鳌蛱蝶俗称双尾鳌蛱蝶，顾名思义，它的每一侧有两个突起，非常独特。长有双尾可能出于如下两个原因：一个是分散掠食者的攻击目标。尾端的异常突起能吸引捕食者，以非致命部位的损伤换取重要部位的安全。另一个就是增强战斗力。这些突出的尾端非常尖锐，好斗的雄性能用它们来划伤对手的翅膀。要是喝完酒再来打场架，谁敢上？

欧洲粉蝶

Pieris brassicae

翅展：5.8~6.3厘米
主要生活区域：欧洲、非洲、亚洲

拜其幼虫所赐，欧洲粉蝶成为全世界最不招人待见的蝴蝶之一。那些胖乎乎的小家伙最喜欢吃田里种的卷心菜，以及其他芸苔属的植物，如油菜和羽衣甘蓝。它其实也是一种极为出色的蝴蝶。

欧洲粉蝶通常也被叫作“菜粉蝶”——和另一种真正的菜粉蝶（*Pieris rapae*）同名。几个世纪以来，园丁们对它恨不得赶尽杀绝，不仅对其不明显的美貌熟视无睹，也对它的令人惊奇的生活方式不闻不问。欧洲粉蝶有一对象牙白色的翅膀，身上点缀着黑色的斑点，前翅尖端也是黑色的，后翅的背面为淡淡的鹅黄色。

欧洲粉蝶能长距离迁徙。每年夏天，它们都会沿着既定路线从斯堪的纳维亚

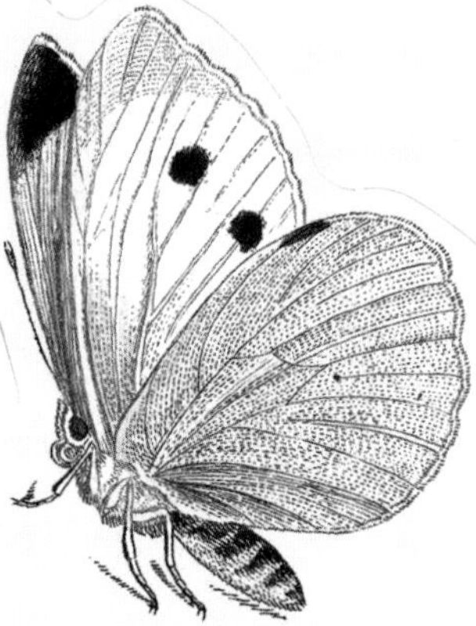

半岛和波罗的海国家南下到中欧诸国。它的飞行时速可达16千米，大约是人类行走速度的3倍。2011年，靠近英国东海岸的诺福克湖区发生过一次“雪灾”：在一公顷的菜地里，食虫植物茅膏菜捕捉到了约600万只欧洲粉蝶。它们被黏糊糊的叶子裹得严严实实，场面着实惊人。

雌性欧洲粉蝶在芸苔属植物叶子的下面产卵，卵是成簇的，为橙黄色。幼虫所食用的植物叶子里包含芥子油，它有特殊的气味，能让其他觅食者知难而退。然而，这一招却对付不了一种寄生在芸苔属植物里的黄蜂。这种昆虫个头很小，20个成虫才相当于一个蝴蝶虫卵的大小。

欧洲粉蝶还有另一条锦囊妙计来确保虫卵能成功地孵化。再次感谢芥子油，吃了它，幼虫体内具有毒性。若鸟类或鼠类捕食了一只欧洲粉蝶的幼虫，它的神经系统会受刺激，直至崩溃。在整个故事的最后，还有一个小小的转折：某一种黄蜂，确切地说是密集成簇的小茧蜂，对芥子油所蕴含的有毒物质免疫，所以80%的欧洲粉蝶幼虫身上都有这种寄生虫。

君主斑蝶

Danaus plexippus

翅展：10.5~11.2厘米

主要生活区域：北美洲

在墨西哥马德雷山的山腰上，有一片绿荫蔽日的小树林。树林里的一棵树正在沙沙作响，然而发出声响的却并不是树叶，而是树上的蝴蝶——它们密密麻麻，看上去足有几万只，这就是每年在此越冬的君主斑蝶。自1975年发现了这一奇观，马德雷山每年都吸引了成千上万的游客。也正因如此，君主斑蝶成为世界上最为大众所熟知的蝴蝶之一。

每年9月，君主斑蝶分成东西两队，从北美北部开始南迁。西部小分队像一团燃烧着的橙色火焰一样一直往南飞，到达美国加利福尼亚州以后，蝴蝶们自然形成了几个“小组”，每个小组里都有数万个组员，它们按组分别驻扎下来，居住

在各自的栖息地里。东部小分队像一条奔涌的火河，经过美国南部之后，还继续向南，最终到达墨西哥中部。小分队的所有蝴蝶全都集中在一起，驻扎在一片面积为10公顷的墨西哥森林，那里共有九个山头，周围环绕着它们最为喜爱的冷杉林。最热闹的一年，约有1.75亿只蝴蝶在此越冬——在地球上任何其他地方，都看不到如此奇观。

3月中旬，这群蝴蝶回到北方的老家繁衍后代，这一路又是3600千米。很少能有人完整追溯它们的飞行路线，搞清楚这一路究竟发生了什么。我们只知道，这是一场生命的接力赛：第一代北飞的蝴蝶，会在美国南部产卵和繁殖。它们的后代继续向北，重复这一过程。而孙辈，也就是第三代会于6月到达加拿大，在那里它们能以比较悠闲的节奏进行繁殖。当这群蝴蝶再次开始奇迹般的南下征程时，已经是这个族群里的第四代了。

直到今天，一直有一个问题困扰着生物学家：这些君主斑蝶是如何完成这样长距离的迁徙呢？它们是如何辨别方向，每年秋天都能找到这几个固定的森林作为栖息地呢？人们早前认为，它们是根据太阳的方向找到目的地的。但是考虑到在一天之中，太阳在天空的位置并不固定，这些蝴蝶必须通过某种技能知道这些变化，并随时调整相关的行为。据最新的研究表明，它们头上的触角有感受光线的功能，也许能帮助它们导航。但是它们具体是如何做到的，目前还是一个未解之谜。

蛇纹悌蛱蝶

Adelpha serpa

翅展：4.7~5.4厘米

主要生活区域：中美洲、南美洲

悌蛱蝶属里有80多种蝴蝶，飞得都很快。作为悌蛱蝶家族的一员，蛇纹悌蛱蝶当然也是“飞毛腿”了，稍微眨一眨眼睛，它就不见了。这种速度可以使自己迅速逃离捕食者的追捕。蛇纹悌蛱蝶通常以极快的速度沿着森林边缘飞，当中可能会停在一片树叶上稍事休息，然后再继续重返天空。它的行为和外形，都让人想起另一种蝴蝶——线蛱蝶。

几乎所有的蛇纹悌蛱蝶都居住在南美的热带地区。它们分布广泛，从墨西哥境内到巴西都能觅得它的踪迹。这种昆虫生活在热带雨林，从山坡雨林到海拔高达2000米的高耸入云的雨林都有分布。

悌蛱蝶彼此间非常相似，尤其是它们翅膀上的花纹。这些花纹有大理石般的纹理，颜色为深棕，上面还有白色或橙色的条纹，也有的品种同时拥有白色和橙色两种纹路。所以判断是否为悌蛱蝶非常容易，但是要分清楚具体是哪个种，就有些困难了。事实上，许多野外指南，甚至是博物馆里的标本，都是错的。直到2001年，英国的鳞翅目学家基思·威尔莫特才破译了其中的奥秘。他指出，准确识别这种蝴蝶的关键，就在于它翅膀背面橙色标记和垂直斑纹的具体位置。

不仅是观察者会把蝴蝶搞混，它们自己也面临着同样的挑战。考虑到它们不少姐妹属种栖息在同样的地方，且外貌相似，那么这些小昆虫如何判断自己的交配对象是不是自己的同类呢？蝴蝶的眼睛处理分辨率的能力较差，无法检测不同种类蝴蝶间那微妙的外形差异，即便距离很近，也是如此。如果它们仅仅依靠视力去分辨，那么在雄性短暂的生命里，可能要在求偶方面耗费大把的时间于非同种的蝴蝶身上。所以，一定有其他的东西起了作用——在这个例子里，它们应该是通过信息素的生产和释放等化学方式来传递相关信息的。

斑马凤蝶

Protographium marcellus

翅展：6.4~10.4厘米

主要生活区域：北美洲

斑马凤蝶，也叫风筝凤蝶，它的外形有着独一无二的辨识度。这种蝴蝶的翅膀是半透明的象牙白色，上面有明显而规律的黑檀色花纹。细长的凤尾从三角形的翅膀延伸出去，像是一把利剑。即使在蝴蝶物种丰富的北美东部，这种蝴蝶也非常独特。在凤蝶属中，它最近的亲戚生活在中美洲，还有些住在更远的南美洲玻利维亚。

斑马凤蝶喜欢较为潮湿的环境，人们经常能看见它沿着河边的林地有目的地飞来飞去。为了寻找水源和花蜜，它有时也会出现在附近那些开阔而阳光充足的地方。雄性斑马凤蝶为寻找异性会在蜜源植物的附近徘徊。雌性最要紧的职责是

找到一株合适的木瓜树，以备在上面产卵。因此，雄性找到一株它认为好看的木瓜树，然后在那里游荡好久。

斑马凤蝶的样子看上去特别庄重，但不可否认地说，这样的外观具有一定的欺骗性，它与外形不符的所作所为可不止一桩一件。在它整个的生命历程里，有数不清的怪癖，比如：雌性斑马凤蝶每次只在一片选定的叶子上产下一枚卵，这样做是为了避免先孵化的幼虫吃掉其他的兄弟姐妹。还有，斑马凤蝶有春天和夏天两季形态，这在蝴蝶中很不寻常。生于早春时节的斑马凤蝶比生于夏季的体形更小、更虚弱、尾状突起更短。

成年蝴蝶们更奇葩，简直是以一种独特的方式彰显自己的存在感。与大多数蝴蝶一样，雌性斑马凤蝶从花朵中吸食花蜜。而雄性则无视盛放的花朵所蕴含的糖分，而是飞落到根部的泥坑里，优先考虑摄取里面的盐和氨基酸。在没有泥浆的情况下，也从森林里哺乳动物的尿液中摄取。这听起来和它的外形极不相称。更有甚者，一些鳞翅目学家在研究蝴蝶时，会在野外干燥的土壤上面撒尿，隔天再回来看一看是否有蝴蝶享用过这顿矿物质丰富的“美餐”。

钩粉蝶

Gonepteryx rhamni

翅展：6~7.4厘米
主要生活区域：欧洲、亚洲、非洲

钩粉蝶是一种常见的蝴蝶，遍布整个欧洲和亚洲大陆，栖息在低矮的灌木丛和林地里。它不仅常见，还很有名，因为它与“蝴蝶”这个词的起源有密切关系。蝴蝶的英语是“butterfly”，它来自“butter-colored fly”，直译过来便是“黄油色会飞的东西”，据说这个词最早指的就是钩粉蝶，的确它的翅膀颜色非常像黄油。

鲜为人知的是，钩粉蝶是欧洲寿命最长的蝴蝶之一。成年钩粉蝶通常能存活10个月，有时甚至整整一年，虽然这其中有四分之三的时间是在冬眠。开春后，它们会重新出现在人们的视野里，并开始准备繁殖。它非常耐寒，在其分布地区的北部，钩粉蝶总是最早出现在空中的蝴蝶。有时，还在冬眠的雄性钩粉蝶会被

冬日明媚的阳光给“哄骗”出来，它们会出去感受一下新鲜的空气。一旦察觉到气温并没转暖，还是很冷，就重返冬眠状态。

最后，钩粉蝶曾因卷入一起欺诈案件，成为第一个被记录在案的蝴蝶而臭名昭著。1702年，英国展出了一个新的蝴蝶属种。但没过多久，人们发现上当了——这个所谓的新属种不过是一只钩粉蝶。商人在一只钩粉蝶的标本身上画了黑色和蓝色的斑点，以此冒充新物种。

雄性钩粉蝶的外表是充满活力的柠檬黄色，它的英文名称是common brimstone，brimstone是英语“硫黄”的旧称，这恰好反映出它的颜色。而雌性钩粉蝶就没有那么鲜亮了，它们的身体颜色比较柔和，接近米黄色。雌雄蝴蝶的翅膀背面都偏绿色，这种颜色适宜伪装，是逃生工具的基本配置。雌性蝴蝶在产卵时要特别留心避免被鸟类吃掉。雌性与雄性蝴蝶都需要冬眠，它们会选择一个落叶植物丰富的地方。越冬时，钩粉蝶们把翅膀紧紧地合上，它们身体的颜色和肌理，远看就是森林里的一片树叶。

黄钩蛱蝶

Polygonia c-album

翅展：5~6.4厘米

主要生活区域：欧洲、亚洲、非洲

在一个晴朗的初春早晨，光线明亮，黄色葇荑花温柔地垂着，让四周充满了生机。一片干枯的、皱巴巴的橡树叶子落在榛子树的树枝上，看上去与四周的环境极不相称。突然，这片“叶子”起身飞向空中，让人特别意外。它当然不是什么树叶，而是一种亮橙色的蝴蝶，也是今年第一只腾空的黄钩蛱蝶。

在黄钩蛱蝶的上方看它，这种蝴蝶通身都闪耀着光彩，醒目的斑点和花纹让人想到了豹斑蝶。然而当它把翅膀合起来时，光彩就消失了，蝴蝶也突然不见了。在这个伪装界的老前辈身上，灰色与米色融合变成了棕色。黄钩蛱蝶的翅膀线条也是粗糙的，这是为了让食虫的鸟类相信，那确实是一片叶子，而不是什么

藏起来的猎物。在这片破烂的“树叶”中间甚至有个小洞——像一个白色逗号形状的标记，而这也正是黄钩蛱蝶名称的来源（comma，逗号的意思）。

黄钩蛱蝶主要出没于开阔的林地，还有阳光充足的森林边缘，但它也定期出现在普通人家的后院，因为那里的蜜源食物比较充足。正是因为它出没的区域非常广泛，才让人们对它比较熟悉。但即便是习以为常的蝴蝶，它依然能带给我们许多惊喜。

黄钩蛱蝶采用双管齐下的生存策略。春天孵化的第一季黄钩蛱蝶幼虫，成年后通体为金黄色。而晚一些孵化出来的，身体颜色会呈现出更为醇厚优雅的褐红色。前一种形态，也被称为“哈钦森态”，是以鳞翅目学家艾玛·哈钦森命名的，她首次破译了黄钩蛱蝶的生命周期。这种蝴蝶繁殖速度很快，完成繁殖使命几周后就死去了。后一种形态的蝴蝶，与“哈钦森态”蝴蝶的后代们一起越冬，整个冬天它们都在冬眠。在隔年开始求偶和产卵之前，“哈钦森态”的蝴蝶已经存活10个月了。这一现象的产生，与白天的长度、春季的气温、叶子的营养成分都有很大关系。诸多综合因素使得黄钩蛱蝶能充分利用早春和炎热盛夏的时间，在一年里繁殖不止一次。

猫头鹰环蝶

Caligo teucer

翅展：10~11厘米
主要生活区域：南美洲、中美洲

猫头鹰环蝶，以及与它有亲缘关系的蝴蝶打破了一个有关蝴蝶的神话，那就是并不是所有的蝴蝶都喜欢太阳。这些独特而又神秘的生物，对阳光唯恐避之不及，每天只在太阳落山以后才离开巢穴。所以，你能在南美洲雨林的暮色里，看见它们那大而孤独的身影，笨拙地扑扇着翅膀，在距离地面不足一米的地方飞行，一路寻找腐烂的水果。

这种昼伏夜出的行为，能够避免白天与捕食者相遇，算是一种生存策略。这样的生活习性可能是环蝶属成员被叫作“猫头鹰环蝶”的原因吧。当然，除此以外还有一些原因，比如它们的翅膀具有羽毛的质感，很像猫头鹰；还有最为明显的是，

它们后翅腹面的那只“眼睛”，活生生就是猫头鹰的眼睛啊。

众所周知，昆虫身上这样的眼状花纹，或者叫“眼点”，被认为是最适宜模仿猫头鹰的——这样的外表能让大部分野心勃勃的（或者傻乎乎的）捕食者退避三舍。孔雀蛱蝶正是同样利用了这一点达到了目的。但这一理论在猫头鹰环蝶这儿反而不太行得通，因为它们只有一边的翅膀上有眼点，而且全身上下只有这一个。考虑到猫头鹰有两只眼睛，那猫头鹰环蝶不太可能伪装成猫头鹰。

更合理的解释是猫头鹰环蝶的眼点起到“诱饵”的作用。蝴蝶翅膀背面除了眼点以外的其他花纹都很隐秘，那些旋涡状、带状或者条状花纹，像极了亚马孙丛林深处被树荫遮蔽的下层植被，除非它自己作死地在栖木上乱扑腾，否则捕食者没那么容易发现它。当有敌人靠近，那些食虫的鸟类首先会注意到“眼点”——一个不那么致命的身体部位。就算鸟儿啄了，也不要紧，猫头鹰环蝶依然有机会逃跑——受伤总比送命好。

蓖麻釉蛱蝶

Heliconius ricini

翅展：5~7厘米

主要生活区域：加勒比地区、南美洲

一只蝴蝶在圭亚那的灌木丛中气定神闲地扑扇着翅膀，它色彩鲜艳，十分迷人。它的触角很长，身上主要为黑色，前翅有醒目的黄色条纹，后翅有火红色的图案，看上去十分醒目。最独特的要数它的翅膀，窄而修长，翅膀尖端则比较圆润。

说它“醒目”很恰当。这种蝴蝶在幼虫期啃食西番莲属植物的新鲜卷须，由此摄入了一种类似氰化物的物质。所以，它的艳丽色彩是在昭告天下自己有毒。美洲热带地区（新热带地区）是釉蛱蝶属的主要栖息地，世界上39个釉蛱蝶属中的绝大多数都生活在这里，而且它们全都有毒。

蓖麻釉蛱蝶与同属的其他蝴蝶有两点根本上的不同。第一，它不居住在茂密湿润的雨林里，而是栖息在干燥广袤的大草原上。第二，它不与其他同类形成一个互相模仿的闭环（也就是两个或两个以上的物种从模仿对方的特征中受益）。一般来说，釉蛱蝶属的蝴蝶是“穆氏拟态”的经典案例。生物学家弗里茨·穆勒通过几组不同种但外形相似的蝴蝶组成的样本发现，相比“贝氏拟态”所提出的无毒的蝴蝶通过模仿有毒蝴蝶的生物特征来保全自己，自然界里大部分存在模仿行为的蝴蝶本身就有毒。穆勒推断，这是因为数量越多，就越安全——如果很多蝴蝶看起来都相似，它们传递的“有毒”信息就更有效和更普遍，同时减少相关个体被吃掉的可能性。许多釉蛱蝶属的蝴蝶呈现出不同的色彩，但这些颜色都是在模仿同一种属下其他蝴蝶的闭环中产生的。

雄性蓖麻釉蛱蝶的交配策略，最符合釉蛱蝶属的行为描述。成年雌性在破茧而出的前一天，就会向异性释放信息素来传递自己所在的位置。第一个接收到信息，并且找到它的雄性就会守候在其旁边，等它一从茧里面爬出来，它们就开始进行交配。

旖凤蝶

Iphiclides podalirius

翅展：6.5~8厘米

主要生活区域：欧洲、亚洲

在一个炎热的中午，地中海山区的空气特别干燥。和煦的风吹拂着一个带着精美图案的淡黄色三角形物体。这是旖凤蝶。它离开刚才栖息的苹果树，在空中划出一道优美的弧线，然后继续迎着气流劈波斩浪，朝下一个花满枝头的目标飞去。它身上有像老虎斑纹一样的图案，彩带般的凤尾在空气里飞舞，后翅下方点缀着带着红色条纹的蓝色眼点。放眼整个欧亚大陆，几乎找不出比它更美的蝴蝶了。

旖凤蝶的英文名称为“scarce swallowtail”，直译为“稀有凤蝶”，但是此处的“稀有”既不是绝对地稀少（尽管近期其栖息地的环境变化影响到它的生存），

也不是相对地稀少（它是旖凤蝶属里最常见，分布也最广泛的蝴蝶之一）。使用这个名字反映出18世纪英国的鳞翅目学家们见过的世面还太少（这可以理解）。这一品种是在偶然情况下出现在英国的，与当地特有的金凤蝶相比，它确实要罕见一些。后者的尾翼更短，颜色亮黄，身上的黑色条纹也更密集一些。

直到最近，人们还认为欧洲只有这一种旖凤蝶，它们在草地上，在公园里，在灌木丛中，自在地滑行和俯冲。殊不知，在比利牛斯山的南麓，还生活着另外一种旖凤蝶。它身上的颜色与图案均与传统的旖凤蝶很相像，但有一些不同。这些差异微小但显而易见，科学家们为此做了近距离观察和研究。这里所说的近距离，是指在显微镜底下，仔细观察这些肉眼看不到的特征——生殖器的具体形状，线粒体基因DNA，以及其他微小但显著的区别……研究结果证实了这是一个独立的新种：南方旖凤蝶。关于蝴蝶，永远有太多的东西值得我们去研究——哪怕是世界上那些最为常见，我们自认为了解非常充分的品种。

傲木蛱蝶

Hamadryas feronia

翅展：7~8.6厘米

主要生活区域：美洲

很少有蝴蝶像傲木蛱蝶那样令人震惊。它的翅膀正面非常华丽，饰有大理石纹理一样的花纹和斑点。当它栖息在树干上时，翅膀张开，头部朝下，整个身体巧妙地与周围环境融合在了一起。这种伪装如此巧妙，令人印象深刻，在自然环境里也极易成功——这正是它的本意，至少能骗过那些想吃它的掠食者。当有一小撮人不小心闯进它们的领地，雄性会发出巨大而刺耳的噪声，并飞扑过去。显然它们对这种闯入行为感到非常恼怒，而那些走进森林的人，也会被这种蝴蝶发出的巨大声响吓一跳。

傲木蛱蝶身上最具特色的首先是它们鲜艳夺目的外表，其次是它们所散发出

的气味（为促进交配而发出的信息素）。不像蝉和蚱蜢这样的昆虫，能发出声音的蝴蝶非常罕见。诚然，蝴蝶在飞行时，会产生一些声响，比如抖动翅膀的沙沙声。孔雀蛱蝶在退敌时，其翅膀也能发出模仿猫头鹰的嘶嘶声。但傲木蛱蝶以及它那些居住在南美洲的“亲戚”发出的噪声与上述例子有着本质的不同。傲木蛱蝶也以“蓝色薄脆”或“菲欧娜薄脆”知名。

这种发声有何特殊呢？首先，只有雄性傲木蛱蝶能发出这种声音，它通过反复抽打前翅的中空纹理，发出这种像鞭子抽打一样的声音。其次，孔雀蛱蝶只在发现捕食者时发出嘶嘶声，而傲木蛱蝶一般是在遇到其他同类时发声。

傲木蛱蝶的独特之处还不仅于此。它们另外一个异于其他蝴蝶的特征，就是在它翅膀背面翅基处长有传递声音的“耳朵”。这个漏洞形状的囊，覆盖着一层薄薄的膜，如果外界有特定频率的声响，声音会通过膜的震动传达信息给大脑。傲木蛱蝶听到声音后，会选择发声来给予反馈。傲木蛱蝶发出的声音根据“听众”不同还有不同的含义。如果对方同样是雄性蝴蝶，发出这个声音就意味着产生了领土纠纷，目的就是驱赶对方。如果对方是雌性蝴蝶，那发出这个声音反倒意味着求爱。

黄肱蛱蝶

Colobura dirce

翅展：约3.3厘米

主要生活区域：南美洲、中美洲

让我们来看一只普通蝴蝶背后隐藏着的故事。200多年来，黄肱蛱蝶一直被视为美洲热带地区最常见、最普遍的蝴蝶之一。它主要栖息在热带雨林里，从墨西哥到阿根廷，从低海拔地区至安第斯山脉都有分布。因为它特别喜欢腐烂的水果和蔬菜，所以在人类聚集的城镇里，也很容易看到它。

就在2000年年初，孜孜不倦的鳞翅目学家们通过研究发现，人们长久以来知道的黄肱蛱蝶，其实有两个独立的种！之前未被发现的一种被命名为环纹蛱蝶。尽管它一直都存在于人们的视野中，但没有人对它进行过深入的观察，以为它不过就是我们常见的蝴蝶。

平心而论，这个新的种与已知的黄肱蛱蝶确实差异很小。环纹蛱蝶的幼虫身上绕着一圈圈的黄色条纹，成虫身上也有花纹，但较为分散，翅膀背面有引人注目的斑马纹。随后，科学家们开始研究二者在生物学上的差异：就幼虫聚集的规模而言，黄肱蛱蝶比环纹蛱蝶要小，这与雌性蝴蝶产卵时选择的伞科植物树龄有关。雌性环纹蛱蝶倾向于在那些较为成熟高大的树木树冠里产卵，这样幼虫可以获得充足的食物，种群的总体数量也就比较多。相反，雌性黄肱蛱蝶经常在一些幼小的树木身上产卵（有些甚至是刚发芽的幼苗），如果可供幼虫食用的树叶比较少，那么能够成功孵化和存活的后代自然也就比较少了。

尽管存在这些差异，但这两种蝴蝶却拥有共同的敌人——蚂蚁。如果你拍打一棵伞科树种，阿兹特克蚂蚁会从空心的树干里跑出来攻击你。蚂蚁与树属共生关系，树能为蚂蚁提供营养丰富的食物，而蚂蚁的存在会在一定程度上防止树叶被昆虫吃光。于是环纹蛱蝶也设计了一个骗局：幼虫们采用分泌有毒物质的方式来击退这些膜翅目的防御者。可见，即使是生活里常见的生物，它们所隐藏的特殊技能也比我们想象的多得多。

珂袖蛱蝶

Eresia clio

翅展：约3.6厘米

主要生活区域：中美洲、南美洲

在墨西哥与玻利维亚之间是一望无际的美洲热带丛林，沿着这些森林的边缘，你能看到成群的珂袖蛱蝶。它们喜爱阳光，出没于低地与森林之间的过渡地带，很少去较为阴凉的森林深处。这些蝴蝶以吸食花蜜为主，雄性蝴蝶偶尔会飞落到地面，摄取一些矿物质来补充交配过程中流失的养分。

它们在空中轻快地飞舞，温柔地飘荡，扑扇着那对细长圆润、配着象牙白色的斑点和宽条纹的黑色翅膀。珂袖蛱蝶的行为举止颇为高雅，跟蓖麻釉蛱蝶有些相像。它们之间确实有些联系，关系甚至比同一属下面的其他姐妹品种来得更为紧密，更为明确。

袖蛱蝶属里的一些蝴蝶有着与珂袖蛱蝶一样的黑白图案，但另一些蝴蝶身上是黑色与橙色。后者进行了成功的伪装，它们扮演的是有毒的蓖麻釉蛱蝶——贝氏拟态的一个著名实例。（亨利·贝茨是19世纪英国探险家和自然学者，他在一次为期四年的亚马孙河流域探险过程中收集到支持这一理论的证据，弄清了哪些是真正的袖蛱蝶，哪些是进行了模仿和伪装后的袖蛱蝶，这一例证对他后来的成功至关重要。）

令人惊讶的是，人们对于这样一种广为人知、数量众多、分布广泛的蝴蝶的生存环境却知之甚少，仅能从手头现有少量的近似物种生存环境来推测：珂袖蛱蝶雌蝶可能会在荨麻科灌木丛的叶子上产卵，一次产一批，数量大致有几十枚。即使是这么常见的蝴蝶，我们有时也不得不使用推断的方式来了解它们的生活方式。全球环境都在遭到不同程度的破坏，而可惜的是，很多物种我们根本还没有机会开始了解。

鸟翼裳凤蝶

Troides amphrysus

翅展：15~18厘米

主要生活区域：亚洲

一个摇曳的身影飞过热带雨林的空地，停留在一株马樱丹属的灌木丛上，仔细一看，原来是一只蝴蝶，而这一幕立刻吸引了到访者的目光。它的体形足有人类的手掌那么大，此刻正在尽情地吸吮花蜜。对蝴蝶来说，身形如此巨大有一个劣势，那就是进食时无法栖息在植物上——这样的姿势对于大多数蝴蝶来说都不困难，但鸟翼裳凤蝶可不是这“大多数”中的一员。很少有花朵能承受住它的重量。因此，它必须一边把长喙浸入花蜜，一边快速振翅，不能懈怠。

鸟翼裳凤蝶在外观上与裳凤蝶有相似之处，但头部和胸部没有后者身上那种火一样的绯红斑点。二者的分布范围也有极大重合，只是裳凤蝶的栖息范围会更

广泛一些。和裳凤蝶属其他的蝴蝶一样，鸟翼裳凤蝶也是活跃在热带雨林中的蝴蝶，它的分布地区从缅甸、马来西亚半岛，一直到印度尼西亚。

鸟翼裳凤蝶的雄性与雌性之间有细微的不同：雄性蝴蝶的前翅有闪耀的金黄色条纹，而雌性蝴蝶则是白色；雄性蝴蝶的后翼覆盖着明亮的黄色，在尾翼边缘处点缀有零星的黑色斑点，而雌性蝴蝶的后翅大不相同，覆盖着大面积的暗色，没有雄性蝴蝶那么光彩艳丽。

想在地面上捕捉到鸟翼裳凤蝶的身影，要等到下午进行，因为它们上午都忙着求爱和交配。注意观察那些距离头顶20米左右的树冠顶上，如果你发现有金光闪闪的迹象，那就说明一只雄性鸟翼裳凤蝶正围绕着雌性转圈。只要雄性发现了雌性，它就会不停地在雌性头顶徘徊、盘绕，雄性还会释放信息素吸引它，试图说服对方与自己交配。

环袖蝶

Dryadula phaetusa

翅展：8.6~8.9厘米

主要生活区域：南美洲、中美洲

环袖蝶的翅膀正反面图案几乎对称。它的翅膀正面艳丽夺目，由亮橘色间杂着深棕色组成，就像是老虎身上的斑纹。翅膀背面有大面积的棕色，其间点缀着白色纹路，边缘处有橙色的图案。翅膀背面也很漂亮，但这样的图案可以避免引起掠食者不必要的注意。事实上，在雨林里阴沉的暮色之中，这样的配色能帮助蝴蝶隐形，堪称完美。傍晚时分，即将西沉的太阳与林中的阴影此消彼长，蝴蝶在光影的庇护之下得以安全地栖息，它们聚集在一起，紧紧地抓住树叶的背面，齐齐地、摇摇晃晃地倒挂在枝头。

环袖蝶有多个别名：橙纹釉蛱蝶、虎斑釉蛱蝶和橙纹环袖蝶。这在分类学上

独树一帜。它是唯一一个既属于环袖蝶属，又被归为釉蛱蝶族（统称为长翅族）的一种蝴蝶。和同族的其他蝴蝶一样，环袖蝶依靠西番莲藤生存，这是它们幼虫时期的主要食物来源。

环袖蝶分布于巴西北部到墨西哥之间的区域，它特别喜欢森林中那些有着复杂地貌的栖息场所，比如道路、林中空地或者河岸。雌性和雄性都吸食花蜜，马樱丹属和乳草属的植物是它们的最爱。在繁殖季节，雄性还会从泥坑或者动物皮毛里摄取一些盐分。

雄性环袖蝶在寻觅异性方面非常积极。除了长期在外奔走以外，它也选择固定的栖息点来观察是否有雌性出没过的迹象。如果雄性观察到一只雌性出现，它会立马上前追求，直到对方默许它们可以一起到阴凉的地面上去。雄性会持续表达好感，并跳起“8字舞”开始求爱，然后越来越靠近对方。雌性可能一动不动，表示它接受了对方。然后雄性开始将翅膀半张开，向对方传递其信息素。一切都很顺利，它们开始交配。成功后雌性会独自离开，寻找某处长有西番莲植物的地方开始产卵。至此，生命开始孕育，下一代环袖蝶也将在此诞生。

丝网蜘蛱蝶

Arashnia levana

翅展：3~4.6厘米

主要生活区域：亚洲、欧洲

大多数蝴蝶是一次产一枚卵，但也有一些是一次产多枚卵。后一种方式最大限度地节省了体力，雌性蝴蝶不需要反复去寻找适合产卵的场所，也不用时刻担心捕食者的追捕，然后尽可能多地产卵。但这样做也有缺点，一次产多枚卵等于是孤注一掷，没有分摊可能的风险。还有一小部分蝴蝶，包括丝网蜘蛱蝶、蜘蛱蝶属的其他蝴蝶以及黄钩蛱蝶，属于第三种情况。这些蝴蝶中的雌性会把产的卵一个一个叠起来，呈一条垂直的直线，在树叶背面摇晃地悬挂着。对丝网蜘蛱蝶的幼虫来说，这个植物通常是一棵荨麻。它们为什么会这么做呢？结果又会如何呢？目前来说我们还不得而知。

大多数蜘蛱蝶属的蝴蝶居住在东亚，但丝网蜘蛱蝶的活动范围向西延伸到了气候温和的欧洲。在那里，它最喜欢去落叶乔木的林中空地或者枝繁叶茂的灌木丛。丝网蜘蛱蝶一年繁育两代幼虫，这一点和许多其他种类的蝴蝶一样。然而，不同于其他蝴蝶种类的是，这前后两批幼虫外形看起来长得完全不像。

春天出生的这一批通常在5月至6月化茧成蝶。它们的外形和豹斑蝶或者荨麻蛱蝶有些相似，身上都有又深又重的橙色与黑色条纹，边缘是蓝色，前翅还布满了白色的斑点。夏天出生的这一批通常在7月下旬至9月上旬期间孵化。它们的体形比春季那一代大出10%，外形更像红线蛱蝶，底色为黑色，有白色带状花纹。二者之间差异如此明显，实在很难相信它们其实是同一个种，除非你看看翅膀背面。不管它们是什么时候出生的，其翅膀背面的花纹永远都是那样的错综复杂，颜色也都是由深栗色、猩红色、象牙白和黑色组成的。

蓝叶眼蛱蝶

Junonia cymodoce

翅展：10~11厘米

主要生活区域：非洲

非洲中部的热带雨林里。正午的酷热使人窒息，潮湿感压迫而来，但这些都算不了什么。有一只会飞的精灵栖息在一片宽叶上，它的头朝向地面，翅膀平平地铺开来，那是一只体形相当大的蓝叶眼蛱蝶，任何人的眼光都会被它吸引，忘却周遭的闷热与潮湿。

这只热带蝴蝶有两个显著的特征。第一个就是翅膀正面的中央区域，有一大块闪耀着梦幻般色彩的蓝色。这种颜色不是它本身的色素，而是翅膀鳞片上的微小结构与阳光交相辉映产生的结果。这对绚丽而具有光泽的翅膀，是为了吸引同类的注意。

第二个特征就是它翅膀上那道优美的弧线。在它后翅翅基底部有一个好像盯着你的“眼点”，眼点里有瞳孔，甚至还有一抹反光，就像一只活物的眼睛。如果把蝴蝶的身体和腹部尖端所组成的形状看作是“鼻子”，它甚至可以被当成一只食肉哺乳动物。这只蝴蝶是在用这些身体特征吓唬那些小型捕食者，让它们感受到被吃掉的危险。

当它合上翅膀蹲下的时候，每一只翅膀的形状都很像一片树叶：后翅与前翅的尾端都逐渐汇聚到一点。如果蝴蝶抬起翅膀，它翅膀背面的形状和颜色（深浅不一的棕色暗影）像一片凋零的树叶，能融合进那些几近腐烂的植被。

蓝叶眼蛱蝶是非洲仅有的两种眼蛱蝶之一，另一种是普通眼蛱蝶。在形状和颜色上，二者都大相径庭。它们真的是同一属的蝴蝶吗？鳞翅目学家开始质疑，这个来自非洲的另一位小伙伴是否应该被授予独立的属，叫作*Kamilla*？

榆蛱蝶

Nymphalis polychloros

翅展：6.7~7.5厘米

主要生活区域：欧洲、非洲、亚洲

可怜的蓝冠山雀要倒霉了。它看见了一个灰色的、肮脏的网兜，这是榆蛱蝶幼虫的窝，里面有成百只的幼虫在蠕动。这些年轻的虫体（昆虫学术语）正聚精会神地啃食着榆树或乢叶柳顶上最新鲜的树叶。这会儿它们可讨厌被打搅了。

这些幼虫体内都包裹着一个刺，那刺足够刺穿鸟类的皮肤。如果这还不够具有威慑力，那么它们还保留了绝招。捕食者的干扰会促使这些同胞兄弟们同时扭动身体——这样整个虫网会突然冒出无数的刺。这只蓝冠山雀最好离它们远点。

榆蛱蝶的受孕过程通常在每年7月或8月完成，随后，成年榆蛱蝶展开其健壮的琥珀色翅膀，准备行动。顶多两周之后，它做好了长期休眠的准备，开始了为

期七个月的冬眠，冬眠会一直持续到早春。

榆蛱蝶设定自己在山羊柳（*Salix cinerea*）开花的时候从冬眠中醒来。能量补充的工作完成后，成虫在树木繁茂的乡村中自在地飞行。时机成熟时，它们会交配；找到合适的栖息地，它们就会产卵。

榆蛱蝶与荨麻蛱蝶的外观惊人地相似，后者是欧洲最常见也是最著名的蝴蝶之一。它们同属于蛱蝶科，但身在不同的属，只能算远亲。与我们直觉不一样的是，亲缘关系近一些的黄缘蛱蝶看起来反而和榆蛱蝶不像。

榆蛱蝶目前在欧洲其他国家都很常见，但在英国是个例外。据一位维多利亚时代的收藏家记录，1901年，在北艾塞克斯，榆蛱蝶的数量还很多。到了20世纪50年代，它竟然在英国灭绝了——这可能是荷兰榆树病导致的结果，这种疾病摧毁了蝴蝶幼虫重要的食物来源。

安蒂噬药凤蝶

Pharmacophagus antenor

翅展：12~14厘米
主要生活区域：非洲

一个如此引人注目、惊艳无比又美妙绝伦的生灵，是怎么做到神秘莫测、非比寻常，同时又令人费解呢？以生物多样性闻名的马达加斯加，是生物演化史的一座孤岛，许多物种来自一个单独的祖先，并没有其他外来物种参与过进化，所以岛上的很多生物是马达加斯加所独有的——比如狐猴和变色龙——而安蒂噬药凤蝶得为自己是一个例外而自豪。

蝴蝶在高空中迎风穿行，从一棵树的树冠飞到另一棵树，它的身姿迷人，体形巨大，翅膀上的斑点美得不可救药。这个鳞翅目昆虫结束了它的航行，随后下降到了你能看见的高度。近看你能发现它的构造是如此精致：凸出的、闪闪发光

的蓝色后翅点缀着绯红色的半月形花纹，头与触角是猩红色的，腹部上环绕着糖果粉色和白色的花纹。

但这里有一个问题。安蒂噬药凤蝶待的地方不对。它是非洲热带区域唯一的一种裳凤蝶属，也叫马兜铃凤蝶——因为马兜铃属的植物是这种蝴蝶幼虫的唯一食物来源。与它亲缘关系最近的蝴蝶是来自亚洲和大洋洲的鸟翼凤蝶，很难想象它们是如何横跨印度洋和太平洋，飞行数千公里来到这里的。而更不可思议的是，在发现安蒂噬药凤蝶这种蝴蝶一百年后，人们才找到它居住的地方（之前的资料里没有具体说明）——这才让鳞翅目学家们意识到，它出现的地方，以及一直生活的地方，就只有马达加斯加。那它的祖先是如何飞到这里的？至今没有令人满意的解释。

安蒂噬药凤蝶是物竞天择中的胜利者，它在与其他亲缘对手的竞争中脱颖而出，逐渐适应了这个世界第四大岛的地理和生态环境。例如，在干燥的地区，当落叶乔木进入秋季，这种蝴蝶的蛹会暂停发育。当雨季到来时，它又重启生长的过程。它似乎能够感应到自然，并做出对自己最有利的选择。这种神奇的生物还有什么不为人知的技能？还有哪些不足为外人道的秘密？

红线蛱蝶

Limenitis populi

翅展：7.2~9.6厘米
主要生活区域：欧洲、亚洲

红线蛱蝶可能没有帝王紫蛱蝶那么具有魅惑性，但其惊艳程度也是不相上下。红线蛱蝶的体形比帝王紫蛱蝶大一些——同样是雌性蝴蝶比雄性蝴蝶大——同样也有类似的图案。可惜的是，雄性红线蛱蝶的翅膀背面图案没有帝王紫蛱蝶那么华丽大气，仅仅略微有一些蓝色的光泽。但它的翅膀腹面还是挺漂亮的，大面积的亮橙色非常引人注目，聚集了它全身的亮点。

红线蛱蝶和帝王紫蛱蝶同属于“蛱蝶科”，但分属不同的亚科，亲缘关系算不上密切，但从生态习性和外观来看，二者确实有很多相似之处。比如：它们都居住在茂密的落叶林地，飞行姿势很威武，主要采取滑翔和俯冲。而且它们都对味

道很重的物质具有难以言说的迷恋——从食肉动物的粪便到人体汗液，从汽油到融化的沥青……事实上，两种蝴蝶当中人们都是更容易见到雄性蝴蝶——对喜欢蝴蝶的人来说，要是某天看到雌性红线蛱蝶，那一天就会变成值得庆祝的纪念日。

正如大家所知，两种蝴蝶拥有同一祖先的时间已很遥远。所以二者之间的差异也同样明显：红线蛱蝶没有帝王紫蛱蝶翅膀正反面那么明显的“眼点”。红线蛱蝶幼虫的唯一食物来源是欧洲黑杨和欧洲山杨，所以这两种植物是它们的唯一寄主。但在这两种树上，你永远也不会看到帝王紫蛱蝶，它们的幼虫更喜欢柳树。因此，红线蛱蝶和帝王紫蛱蝶几乎不会在同一个场合出现。它们的幼虫在生活方式上也拥有一些微小但显著的区别：红线蛱蝶的幼虫只吃叶子尖（这是帝王紫蛱蝶幼虫绝对会避开的部位），并且它们吃了这些叶子以后，整个冬天都会冬眠。

美洲虎纹凤蝶

Papilio glaucus

翅展： 7.9~14厘米

主要生活区域： 北美洲

骄阳似火，晒干了得克萨斯州的路面。一群明黄色的雄性美洲虎纹凤蝶正互相推搡着，挤在路边一个仅存的水坑边上狼吞虎咽。它们都刚刚交配完，需要补充一下身体里流失的矿物质。吃饱的蝴蝶会自行离开，继续追求异性。

美洲虎纹凤蝶身上的花纹强烈，尾巴突出。这种蝴蝶是北美洲东部最为常见，也最为大家所熟悉的蝴蝶之一，它引人注目，长期受到人们喜爱——这种喜爱不仅历史久远，程度也相当深。说历史久远，因为它是北美洲已知最早的一种蝴蝶，其身影可以追溯到绘于1587年的一幅插图。说程度深，因广受东部民众钟爱，美国有六个州的参议院将它定为州蝴蝶或州昆虫。尽管美洲虎纹凤蝶已然是

“集三千宠爱于一身”，但它依然能带给我们意外的发现与之前不知道的小秘密。

美洲虎纹凤蝶在分类学上的归属令人困惑。它虽被归类于“凤蝶属”之下，但也有鳞翅目学家把它放在单独的“虎纹凤蝶属”。此外，虎纹凤蝶传统上被认为是分布于辽阔的北美大地上的单一蝴蝶属种，但近几十年来的研究显示，它共进化出了四个种的蝴蝶——这也就诞生了生活在美国中部和东部各州的美洲虎纹凤蝶。

这种蝴蝶的体形差异很大，最大的蝴蝶体形几乎是最小的同类的两倍。造成这种情况有三个原因：一是生活在南方的蝴蝶数量普遍比北方多；二是雌性比雄性更为健壮；三是每年第一批孵化的蝴蝶，因缺乏足够的食物，体形与第二批比相形见绌。

不仅体形差异巨大，美洲虎纹凤蝶在外观上也有奇特之处。在其分布区域的南部，部分雌性蝴蝶没有金黄色花纹，全身都是蓝黑色的——这是模仿当地一种有毒的美洲蓝凤蝶，为的是躲避捕食者的追踪。更为有趣的是，美洲虎纹凤蝶产生过世界上为数不多的“雌雄同体”个体——这样的蝴蝶半边翅膀具有雄性特征，而另半边具有雌性特征。看吧，有时看似最熟悉的生物，也会有不为我们所知的神奇之处。

鹞蛱蝶

Consul fabius

翅展：3~3.5厘米

主要生活区域：南美洲、中美洲

在全世界范围内，蝴蝶幼虫的生存策略差别很大。它们通过让自己有毒、进行伪装或吓人的外表来阻挠掠食者对自己产生兴趣。一些幼虫（包括孔雀蛱蝶）一起生活在一个大的丝茧里。其他的如鹞蛱蝶，则自顾自地在自己的小天地里生长。幼虫们把自己紧紧地包裹在叶子上，然后用头把入口“塞住”，达到封堵的作用，防止被寄生的黄蜂刺穿。这种富有想象力的生存方法会一直延续到成年。

成年以后，鹞蛱蝶会部署一系列保命计划，避免自己成为其他动物的午餐。保命计划包含三种：当它把翅膀张开，飞舞在阳光底下，翅膀上明亮醒目的橙色、黄色和黑色花纹（很像老虎，这是它英文名“Tiger Leafwing”一半的由来）意

味着这种蝴蝶毒性太大，不能吃。在现实中，鹞蛱蝶使用了贝氏拟态，以模仿有毒蝴蝶鲜艳外表的方式，来掩盖自己无毒的事实。当它把翅膀合上，名字来源的另一半也昭然若揭了（Leafwing，意为叶子一样的翅膀）。它的翅膀背面由米色、棕色和洋红色构成，图案斑驳，完美地模仿了一片枯叶，于是就整个环境看来，它身在其中，毫不违和。如果这两种方法都不奏效，那捕食者的注意力很可能被吸引到它后翅上两条醒目的凤尾上；即使这个部位被鸟类啄食，那也不构成实质性的伤害。

这种蝴蝶生活在墨西哥到玻利维亚之间的热带雨林中，尤其喜爱阳光充足的森林边缘和林中空地。雄性一天中的大部分时间都趴在树冠的叶子上晒太阳。如果你个头不够高，不要担心，还有别的方法。到了中午，雌性就会在地面上出现，它们刚刚交配完毕，并会在灌木丛之间产卵。它们会一同享用掉在地上的烂野果。

巴黎翠凤蝶

Papilio paris

翅展：10.6~13厘米

主要生活区域：亚洲

在泰国的热带雨林里，一个影子正飘在一棵大树的树冠底下，体态轻盈。它从容不迫地向一棵开满很多花的柑橘树飞去，原来是一只深黑色的蝴蝶。它有着宽阔圆润的翅膀，凤尾先窄后圆，像两把勺子。这只巨大的昆虫为保证顺利进食，它前前后后、迂回往返地飞舞，这不断的运动让人注意到它的翅膀正面像是被撒了一层亮粉，散发着鳞片特有的光泽。这种闪绿色鳞粉，仅在少数几种凤蝶当中见到——巴黎翠凤蝶是这其中最为常见的，分布也最为广泛的一种蝴蝶，它的栖息范围从印度到东南亚国家，从印度尼西亚到中国。

生活在热带雨林中，对巴黎翠凤蝶和其他的热带地区蝴蝶有诸多好处。与温

带地区相比，这里的季节变换不那么明显；因为气温相对稳定，所以蝴蝶们可以进行持续性的繁殖，而无须拘泥于一年一次或者一年两次的繁殖周期。同理，这样的气候特征意味着开花植物四季不断。不论住在哪里，成年的巴黎翠凤蝶总能获得充足的花蜜，而它的幼虫也会一直有可口的叶子啃食。

从本书所涵盖的8个蝴蝶种属来看，凤蝶是一个相当多样化的群体，这体现在它们的颜色与花纹图案上，差异性非常明显。令人略感惊讶的是，全世界约有200种凤蝶，而它们都被归于同一属之下。但类似的分析证明了这些原始的分类其实都已经相当完善。在18世纪，所有的蝴蝶都被归入单一的一个属——凤蝶属。相比那个时代，现如今的专家和学者们对不同蝴蝶的进化以及它们之间关系的理解都有了很大的改善！

丝带凤蝶

Sericinus montela

翅展：5~9厘米
主要生活区域：亚洲

在中国东部一个山谷里，一只迷你的白色风筝正飘过布满岩石的山坡，它那细长洁白的尾翼随风飞舞，远远看过去，仿佛一袭充满仙气的飘带。这种丝带凤蝶，是“丝带凤蝶属”里唯一的一种蝴蝶。瞧它袅袅婷婷，仪态万方，在以美貌闻名的凤蝶家族里也算得上出类拔萃。雄性的翅膀让人想起了风姿优美的阿波罗娟蝶，雌性身上黑色居多，带有斑点。不论是雌性或雄性，身上都有两条长得有些夸张的凤尾，长度是一般凤蝶的三倍。

这种长相戏剧化的生物引起了科学家们的注意，他们奔赴俄罗斯远东、中国和韩国，在丝带凤蝶的栖息地进行了一系列的实地研究。一些科学家发现，丝带

凤蝶是娟蝶亚科中唯一一种能够每年繁殖超过一次的蝴蝶。也有人透露，天气越暖和，丝带凤蝶完成它生命周期的速度就越快。在30℃的环境下，雄性只需要两周时间就可以从虫卵发育到成虫——这个时间比正常气温（16℃）时要快四倍。鳞翅目学家们也有证据表明，居住得离赤道越近的丝带凤蝶群体比同类体形来得更小，颜色也更暗。

在丝带凤蝶被发现初期，它曾引起过科学家们一些认知上的混乱。在18世纪刚发现丝带凤蝶时，发现者将它命名为“*Papilio telamon*”（暂无中译名）。这就带来了一个问题，因为已经有另一种蝴蝶叫这个名字了。经过整整一个世纪，这件事才获得解决，而解决的办法非常简单，就是把它的学名字母顺序颠倒了一下，从“*telamon*”变成“*montela*”。

不幸的是，这种蝴蝶似乎有招惹是非的体质。该物种曾在非法或无意引入的情况下，出现在日本。由于担心这种“外来入侵物种”会侵害本地物种麝凤蝶，日本政府将丝带凤蝶指定为害虫。可见，即使是美丽的生物，如果出现的地方不对，也是不受欢迎的。

拟斑蛱蝶（美国白线蛱蝶）

Limenitis arthemis

翅展：4.7~7.8厘米

主要生活区域：北美洲

这到底是一种蝴蝶还是两种？是一种蝴蝶，但它们有两个名字，以及两种截然不同的外形。拟斑蛱蝶和美国白线蛱蝶是居住在北美洲阳光明媚的落叶林地里的同一个种——这一结论也曾让鳞翅目学家大吃一惊。

本页插图里是一只美国白线蛱蝶，它经常出现在北美洲东北部，是线蛱蝶属下的一个典型的种（详见“红线蛱蝶”）。它的翅膀底色为紫红色，有两条粗重的白色条纹横穿翅膀。而它的姐妹，拟斑蛱蝶，主要居住在美国南部，翅膀背面跟它的北方“亲戚”不一样，少了那两道白色条纹，翅膀背腹两面呈现出华丽的金属蓝色光泽，上面点缀着深红色的斑点，整体看起来更加鲜艳夺目。

为什么会有这样的差别？事情是这样的：拟斑蛱蝶（并非美国白线蛱蝶）模

仿了美洲蓝凤蝶——一种有毒的蝴蝶。这种求生策略叫作“模仿”，而模仿只有当这两个物种生活在同一区域时才有价值。鉴于拟斑蛱蝶和美洲蓝凤蝶都生活在南方，所以拟斑蛱蝶的模仿才有价值，而生活在北方的美国白线蛱蝶并没有这个必要。

但自然界里永远都有例外。偶尔也会有长有白色斑纹的拟斑蛱蝶出现在北方，或者没长白色条纹的美国白线蛱蝶出现在南方——这看似奇怪的两件事其实都是因为隐性基因的作用，并且它证明了几件事：第一，两种蝴蝶之间愿意交配，说明它们确实是同一物种；第二，杂交产生了有生育能力的后代；第三，“有模仿行为的个体”与“没有模仿行为个体”可以进行杂交配对。

美洲蓝凤蝶

Battus philenor

翅展：7~13厘米

主要生活区域：北美洲

“这些泥搅动起来很容易”，一只雄性美洲蓝凤蝶从一个泥坑里飞出来，以螺旋状向上盘旋，它边飞边想：“这可是好东西，待会儿该送给谁呢?”所谓的“好东西”，正是雄性美洲蓝凤蝶们在求爱时不可或缺的礼物。它知道雌性都在马兜铃（该蝴蝶寄生的植物）上产卵，于是就匆忙地找了一棵合适的马兜铃，守株待“蝶”。当一只雌性出现时，它就兴奋地扇动起自己的蓝色后翅——那是它最为骄傲的部分，翅膀能随光线角度不同而变色，看上去斑斓无比，对异性极具“杀伤力”。它热情地展示着，极力地说服对方自己是个特别合适的交配对象：身体健壮，花纹美丽。一旦察觉到对方好像动心了，雄性赶紧奉上自己刚才准备的礼物——那

些从潮湿的、富含矿物质的土壤里获得的钠——来感谢异性愿意交配。

美洲蓝凤蝶的英语名是“Pipevine Swallowtail”，直译过来是“马兜铃凤蝶”。正如名字里所提及的，马兜铃这种植物对它可谓是至关重要，是这种蝴蝶生存策略里的重要一环。美洲蓝凤蝶的幼虫只吃马兜铃的叶子，它们摄入了植物中的酸性物质，使得体内有毒，这种毒性伴其终生。它的幼虫与成虫的身上都有醒目明亮的橘红色斑点，这种身体特征是在明确地警告那些掠食者，你们知难而退吧。

一些本身无毒的蝴蝶发现了这一点，它们的成虫开始模仿美洲蓝凤蝶的外观，希望以此能躲避掠食者，寻求一种自我保护。无毒蝴蝶模仿有毒蝴蝶的行为叫作“贝氏拟态”，本书中提及过其中两个最为典型的例子，美洲虎纹凤蝶和拟斑蛱蝶。

然而，美洲蓝凤蝶的外表并不能吓退所有的掠食者。这类警告对鸟类可能有用，但对被称为“变色蜥”的小蜥蜴无效，它们并不会像鸟儿一样避开这些有毒蝴蝶。有一位得克萨斯州的生物学家，观察到了变色蜥捕捉、咀嚼和吞下美洲蓝凤蝶的整个过程，且无任何不良反应。有一种假设是，这种蜥蜴的身体已经进化到能够抵御有毒的马兜铃酸性物质，甚至有可能它自身就能够分解这些毒性。

斑袖珂粉蝶

Colotis danae

翅展：4.5~5.2厘米

主要生活区域：非洲、亚洲

不要企图在一天当中最为炎热的时候观察斑袖珂粉蝶，它们很忙。正午时分，太阳明晃晃地照耀大地，充沛的阳光下是盛放的植物，这些小东西追花逐蜜，异常活跃。想观察这种蝴蝶的话，应该把时间和精力留到傍晚，那时气温逐渐降低，迷人的斑袖珂粉蝶停止了追逐。它们的翅膀半开着（珂粉蝶的标志性动作），停在那里安静地休息，利用一切所能得到的东西来取暖。

斑袖珂粉蝶属于粉蝶科珂粉蝶属，同类当中还有40个种。珂粉蝶们居住在非洲的热带地区，生活范围十分广泛，从非洲西部的冈比亚，到东部的埃塞俄比亚，再往南到南部的南非，甚至有一些品种延伸到了南亚次大陆，而斑袖珂粉蝶

正是其中之一。

从外观上看，斑袖珂粉蝶的外形在珂粉蝶这个种类里最为典型。它通身主要为白色，前翅的末端点缀有鲜艳的色彩——正如它名字里提到的，是一抹迷人的胭脂红（所以也称“红尖珂粉蝶”）。雌性蝴蝶的外观与雄性蝴蝶略有差异，它们周身布有黑色的斑点。珂粉蝶属中其他蝴蝶的外表与斑袖珂粉蝶相比，差异更为明显：它们的翅膀正面为黄色，以身体为中心延伸到两侧有一种薄薄的、渐进的炭灰色，像是烟熏过一样。

斑袖珂粉蝶喜欢开阔的、有矮小灌木的地方，比如长满了金合欢的大草原。它的整个生命周期都与这种山柑科的灌木密不可分：斑袖珂粉蝶的幼虫以金合欢的树叶为食，而它的成虫同样只吸食金合欢的花蜜——这种执著和专一在蝴蝶当中属于异数。

达摩凤蝶

Papilio demoleus

翅展：6.5~10厘米

主要生活区域：亚洲、大洋洲、中美洲

蝴蝶所到之处，都能受到所有人的喜爱，是这样吗？事实也不尽然。比如达摩凤蝶，它算得上美丽，却被园艺者所憎恶——它喜爱的柑橘树是一种经济作物，而它的行为却严重影响了收成。达摩凤蝶有很多别名，比如："柠檬蝴蝶""青柠凤蝶"，或者针对性没那么明确的"善变凤蝶"。它们在幼虫期对柠檬树叶和青柠树叶的需求特别大，达到了贪婪的程度，甚至能把整个苗圃或果园里的幼苗吃光吃秃。而这种蝴蝶繁殖能力和飞行能力都很强，导致其能很快在柑橘种植园里蔓延开来。

尽管达摩凤蝶的分布地区包括亚洲、大洋洲，但直到最近，它对作物的危害

还仅限于这些地区。现在，它无意中被引进到了加勒比地区，所以危害也波及了美洲。可想而知，柑橘树种植者们面对这种破坏行为一定会做出反抗：他们有的试图使用生物农药消灭“害虫”；有的则引进寄生的黄蜂或食肉的印度花螳螂，尝试利用自然规律来对付它们。所有这些行为，没有破坏广义上的“环境”。

达摩凤蝶是世界上最美丽的凤蝶之一。虽然被叫作凤蝶，但它后翅处却并没有其他凤蝶那样的尾状突起，所以也被叫作“无尾凤蝶”。达摩凤蝶翅膀正面的花纹华丽耀眼，变化多端，翅膀背面更是色彩丰富，美轮美奂。背腹面的图案都是由黑、白、红三色构成，靠近尾端处还有一抹橙色画龙点睛。若同时有一群在一起，比如二十几只雄性达摩凤蝶在一个小泥坑里进食，这种画面只消一眼，就美得令人窒息。

水仙鸭蛱蝶

Nessaea aglaura

翅展：2.8~3.6厘米

主要生活区域：中美洲、南美洲

哥斯达黎加的热带雨林里非常潮湿，滴下来的水看上去都是翠绿的，水滴溅起一朵迷你的蓝色“水花”，颜色明亮，很抓眼球。说时迟，那时快，这朵“水花”在一片叶子上停了下来，原来这是一只身材娇小的蝴蝶，它打开翅膀，黑色后翅上一条斑纹泛着霓虹光彩，异常美丽。然而，眨眼间这只蝴蝶竟不见了，只看见半片叶子飘向空中，转眼就消失了。

水仙鸭蛱蝶（鸭蛱蝶属的其他三种蝴蝶也有类似的特征，它们居住在美洲热带地区的国家，分布范围从墨西哥一直到阿根廷）这一出“大变活蝶”确实精彩，这场演出的成功得益于它的翅膀背面的橄榄绿色，这种颜色不仅能和树叶完美融

合，在雨林中更是一身完美的伪装。虽然会变“魔术”，但水仙鸭蛱蝶的本性十分胆小，任何轻微的响动都会吓到它。喏，它还待在叶子上，但听到任何响动，都足以让它合上翅膀，起身离开。

大部分蝴蝶都没有进化出苹果绿的翅膀，所以水仙鸭蛱蝶的伪装特别容易成功。更不寻常的是，它翅膀上的绿色和蓝色是真正的色素沉着，而不是翅膀鳞片与光之间的相互作用。拥有结构性颜色的蝴蝶很多，比如绿色斑纹上具有彩虹色泽的丝绒翠凤蝶，比如拥有一对电光蓝翅膀的尖翅蓝闪蝶，或者全身都是金属蓝色光泽的拟斑蛱蝶。蝴蝶身上的绿色、蓝色和紫色，多是翅膀鳞片上的微小物理结构与光相互作用后产生的——这些都叫作结构性色彩。而水仙鸭蛱蝶身上的绿色和蓝色，是它自己本身的色彩。这种类似乳胶漆一样的着色，没有结构性色彩闪耀，但是颜色也特别显眼。这一点，也使得水仙鸭蛱蝶在蝴蝶当中非常独特。

霓锯蛱蝶

Cethosia nietneri

翅展： 8~10厘米
主要生活区域： 亚洲

锯蛱蝶分布在亚洲和大洋洲，是世界上最美丽的蝴蝶之一。它的翅膀背面长有刺绣图案一般的美丽花纹，这幅“刺绣”的图案很复杂，满是跳针、钩针，还有各式各样的小眼和小孔——这些并非装饰，相反，关键时刻能保命。霓锯蛱蝶的翅膀背腹面都有复杂图案，且极具视觉冲击力，能欺骗潜在的捕食者。对锯蛱蝶来说，能活着就行，好看是次要的。

根据分类优先律，共有13种至17种锯蛱蝶，它们的分布地区从印度，经东南亚和太平洋，最远到澳大利亚。奇怪的是，与它们亲缘关系最近的蝴蝶却分布于另一个遥远的大陆——美洲。锯蛱蝶属于釉蛱蝶族，著名的袖蝶属也是这个种群

一员。

锯蛱蝶喜欢空间开阔、植被茂密的栖息地，如林地附近的村庄和普通人家的后院。它最活跃的时间是在早上，通常是独来独往，半张着翅膀从开花的植物那里吮吸花蜜。当它抬起翅膀起飞时，最初几秒会有些费劲儿，但随着高度的上升，动力的凝聚，飞得也就越来越轻松了。

霓锯蛱蝶的英文名字是Tamil（or Ceylon ）Lacewing，它名字里的泰米尔（或“锡兰”）告诉了我们它来自哪里。顾名思义，霓锯蛱蝶主要栖息在斯里兰卡的热带森林中，是那里生活着的250种蝴蝶中的一种，同时也活跃在南亚次大陆的西高止山脉林区。每年印度洋的季风季节（通常是6月到9月），霓锯蛱蝶的身影会出现在整个斯里兰卡，从高山峡谷，到海滩密林。它出没的地方最高海拔可达1200米，但最常见的还是中海拔地区（约600~1000米）。虽然分布区域很广泛，但它很少到人类居住区域，所以仍不属于常见的蝴蝶。于是越来越多的人来到斯里兰卡，只为一睹芳容。

幸运丽灰蝶

Evenus felix

翅展：4.4~6.4厘米

主要生活区域：中美洲、南美洲

人类对自己所生活的世界知之甚少，但摧毁它的速度却远远超出自己的想象。我们甚至不可能相信，留给我们了解这个星球的时间其实不多了。如果我早在2013年就写这本书，我将专门为“二尾丽灰蝶”写一篇。然而，在2014年，两位鳞翅目学家扮演成侦探拜访了委内瑞拉的一个家庭，他们持有一些珍贵蝴蝶的标本。鳞翅目学家克服了极大的困难，使用了格外小心的方法，对已经制成标本的蝴蝶进行了研究，后来证实了这家人的猜测：他们手上所持有的并不都是二尾丽灰蝶，还有另外一个种。

二者差异不大，甚至可以说是极微小的，但区别的确存在，足以让它们分道

扬镳，成为两个种。这个新发现的蝴蝶属种就是幸运丽灰蝶，请注意看本页的插图：它后翅上的红斑大小就是其并非二尾丽灰蝶的有力证明。雌性二尾丽灰蝶的翅膀边缘，颜色会更加粗重一些，深红色斑点也更小一些。值得一提的是，幸运丽灰蝶是二者当中身价普通的那一个——它来自厄瓜多尔的巴尼奥斯，一个因从事蝴蝶养殖和标本出口而闻名的小镇。

即使不是因这件事而被发现，幸运丽灰蝶的美丽也不会被一直埋没。它们的翅膀背面是华丽耀眼的蓝色，腹面是闪着金属光泽的绿色，这些都属于“结构性着色”（光线围绕着翅膀鳞片上微小的边缘与沟壑移动所产生的效果）。但可以说，它身上最有趣的特点，就如它名字所暗示的，是后翼后面伸出的两条纤细“尾巴”。这两条“尾巴”是用来冒充蝴蝶的触角的，能欺骗自然界里的捕食者，让它们以为尾巴这端才是头。若被那些食虫的鸟类进攻尾部，也就为它们赢取了逃脱的时间，同时也保护了身体重要部位的安全。

红翼鹤顶粉蝶

Hebomoia leucippe

翅展：约8厘米

主要生活区域：亚洲

这个小东西长有柑橘色的翅膀，鲜艳欲滴，令人垂涎，但任何想亲眼看到它的人都要做好准备来一次探险。在本书涉及的所有物种里，红翼鹤顶粉蝶居住得最远——印度尼西亚群岛中的几个偏僻的小岛。经过考虑，我特意使用了它的学名，因为这种蝴蝶数量稀少，名气也不大，连通用的英语俗名都没有。我曾经意属“硫黄翼蝴蝶”这个名字，其他可选的名字里还包括“火红翼尖蝶”，或者“活力硫黄蝶”。

这色彩鲜明的橙色翼尖，是不是让你似曾相识？确实，它是粉蝶科的一员，这本书中就介绍过其中的好几种，比如同样长有橙色翅尖的红襟粉蝶，还有声名

狼藉的欧洲粉蝶。但与它外形相似，又有亲缘关系的，仅限于此。

红翼鹤顶粉蝶分布在马鲁古省的五个岛上，还有一处栖息地是苏拉威西岛东南海岸附近的邦盖群岛。把这六个岛放在一起，这种蝴蝶分布区域也只比比利时大一点。如此有限的生存区域，使它面临着灭绝的威胁。此外，在1990年至2005年共15年间，栖息地上有四分之一枯竭的雨林被印尼政府夷为平地。

尽管这件事在短期内还不会发生，但假如最后一只红翼鹤顶粉蝶死亡，不仅对它的个体来说是一场悲剧，对整个人类来说更是一场灾难。因为一旦灭绝，就意味着一个物种永久地消失了。而这种消失，既是对人类开拓发现历史的一种无情鞭笞，也是对整个星球未来和命运的无情嘲弄。马鲁古群岛和苏拉威西岛共同构成了一块被叫作“华莱士”的生物地理区域，它被亚洲大陆架与大洋洲大陆架的深水海峡隔开。“华莱士”这个名字是为了纪念阿尔弗雷德·拉塞尔·华莱士，他在这块区域进行过深入的探索，其后引发的思考对整个世界都非常重要。他有关“自然选择”的构想与查尔斯·达尔文不谋而合，两人同为进化论的鼻祖。这样一个地方，启发过一个伟大的人，诞生过一个改变世界的学说，我们没有理由轻视和忽略它。